复合薄膜功能层忆阻器特性研究

孙艳梅◎著

黑龙江大学出版社
HEILONGJIANG UNIVERSITY PRESS
哈尔滨

图书在版编目（CIP）数据

复合薄膜功能层忆阻器特性研究 / 孙艳梅著 . -- 哈
尔滨：黑龙江大学出版社，2022.12
ISBN 978-7-5686-0923-4

Ⅰ．①复… Ⅱ．①孙… Ⅲ．①复合薄膜－非线性电阻
器－特性－研究 Ⅳ．① TM54

中国国家版本馆 CIP 数据核字（2023）第 008292 号

复合薄膜功能层忆阻器特性研究
FUHE BAOMO GONGNENGCENG YIZUQI TEXING YANJIU
孙艳梅　著

责任编辑　于晓菁　张君恒
出版发行　黑龙江大学出版社
地　　址　哈尔滨市南岗区学府三道街 36 号
印　　刷　北京虎彩文化传播有限公司
开　　本　720 毫米 ×1000 毫米　1/16
印　　张　12.5
字　　数　192 千
版　　次　2022 年 12 月第 1 版
印　　次　2022 年 12 月第 1 次印刷
书　　号　ISBN 978-7-5686-0923-4
定　　价　49.00 元

前　言

集成电路是现代信息技术的基石和核心。其中,存储器是最基本、最重要的部件之一,存储器的技术水平能够展现微电子技术的发展水平。存储器是使用量最大的集成电路产品之一,对存储器高密度、大容量、高速度、低功耗等各方面性能的要求使得它的技术发展成为集成电路设计和制造水平迅速提高的动力。由于缺乏核心知识产权,存储技术是制约我国信息产业自主发展的瓶颈之一。自主研发的存储技术可以为我国庞大的存储器市场提供技术支持,也能够满足国家优先发展新一代信息功能材料及器件的需求。在传统多晶硅闪存技术的线宽微缩到 20 nm 以下后,研究将会面临一系列的技术限制和理论极限,在该条件下难以满足更高集成密度的存储要求。因此,引入并利用新材料、新结构、新原理和新集成方法探索具有更强微缩能力及更高集成密度的新型存储器件成为促进存储发展的关键。忆阻器具有单元尺寸小、器件结构简单、速度快、功耗低、数据保持性好、耐久性好、微缩性好、与主流半导体技术兼容、易于三维集成等优点,而且可以利用金属/绝缘体/金属结构中介质材料的阻变特性实现存储功能,这使得以忆阻器为核心的阻变存储技术成为重要的下一代存储候选技术。

阻变存储技术涉及微电子、材料、物理、化学等多个学科领域,是一项交叉性很强的新型存储技术。笔者针对复合薄膜功能层忆阻器的未来实际应用,开展了大量深入的调查研究,取得了一定的研究成果。本书基于这些研究结果,对忆阻器的基础科学问题进行了探讨,对忆阻器的关键问题和性能调控技术进行了总结。

全书共分 9 章。第 1 章为绪论,介绍了忆阻器的研究背景与意义、发展趋势和目前研究存在的问题。第 2 章介绍了忆阻器的结构与特征、制备工艺、载流子的传输理论和阻变机制。第 3 章对聚乙烯咔唑噁二唑复合薄膜功能层的阻变特性和聚乙烯咔唑 C_{70} 复合薄膜功能层的阻变特性进行了分析。

第 4 章对功能层分别为聚氨酯和聚氨酯与噁二唑共混物的复合薄膜功能层的阻变特性进行了分析。第 5 章对功能层分别为聚乙烯苯酚和聚乙烯苯酚与噁二唑共混物的复合薄膜功能层的阻变特性进行了分析。第 6 章对功能层为聚乙撑二氧噻吩:聚苯乙烯磺酸盐与碳纳米管共混物的复合薄膜功能层的阻变特性进行了分析。第 7 章对功能层为甲基丙烯酸环氧树脂与碳纳米管共混物的复合薄膜功能层的阻变特性进行了分析。第 8 章将 Co-Al LDHs 吸附环嗪酮的薄膜作为功能层,并对 Co-Al LDHs 吸附环嗪酮前后的阻变特性进行了对比。第 9 章对功能层为吸附不同含量阿特拉津的 Co-Al LDHs 的复合薄膜功能层的阻变特性进行了分析,考察了阿特拉津吸附量对忆阻器阻变特性的影响。

期望本书能够为读者掌握忆阻器的基础理论、性能调控技术以及从事相关的研究等提供帮助。由于时间和笔者水平所限,书中错漏之处在所难免,恳请读者批评指正。

孙艳梅

2022 年 5 月 3 日

目　　录

第1章 绪 论

当代,人们对计算机存储信息量和处理数据速度的要求越来越高。然而,随着微电子芯片的集成度和性能遵循着摩尔定律不断地提升,基于互补金属氧化物半导体(CMOS)工艺的传统存储技术也开始逐渐接近它的技术极限,存储墙问题愈发凸显,阻碍着计算机的进一步发展。因此,寻找新的存储技术和元器件,研发存储容量更大、处理数据速度更快的计算机是目前解决这个问题的思路,而忆阻器的出现让人们找到了解决这个问题的有效途径。忆阻器是继电阻器、电容器、电感器之后于近年被制备出的第四种电路器件,具有记忆功能,可同时用于信息存储和逻辑运算。忆阻器优异的性能使得它的出现备受关注,如今它已成为物理、电子、材料等领域的研究热点。

1.1 忆阻器的研究背景与意义

1.1.1 传统存储技术的局限

存储技术的飞速发展成就了当代计算机及各种便携式移动电子器件的繁荣,特别是固态存储器性能的提升对计算机等电子类产品的发展而言尤为重要。近年来,存储器件主要有两种:动态随机存取存储器(DRAM)和快闪存储器(flash memory)。动态随机存取存储器具有工作寿命长、读写速度快的优点,但它属于易失性存储器件,阻变机制使其难以进一步小型化。目前应用最广泛的固态非易失性存储器件是快闪存储器,它有缩小至22 nm技术节点的潜能,但它也存在工作寿命有限、写入数据较慢、操作电压较高等缺陷。

快闪存储器的存储单元与场效应晶体管类似,有三个电极:源极、漏极和栅极,快闪存储器利用栅极产生的电场控制源极与漏极间的通断。如图1-1所示,快闪存储器的存储单元是双栅结构,在控制栅极与衬底间存在一个浮置栅极,这与场效应晶体管不同。浮置栅极由夹在两个绝缘层间的氮化物构成,其中氮化物是可以存储电荷的电荷势阱,绝缘层可以防止浮置栅极中的电荷泄漏。这种结构使存储单元具有保持电荷的能力,直到下次释放电荷。因此,快闪存储器具有记忆和存储功能。

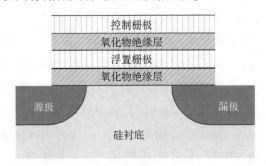

图 1-1　具有浮栅结构的快闪存储器的存储单元示意图

　　浮置栅极利用源极-漏极电路中的大电流进行重写操作,但这个大电流会使快闪存储器的电学性能产生缺陷,并且每次重写都会对存储器造成一定程度的物理伤害,直至其性能失效。快闪存储器的反复擦写次数为$10^5 \sim 10^6$次,这就导致它在很多领域的应用都会受到限制。而且大电流由电荷泵产生,电荷泵的充电时间较长,因此写入数据需要的时间比读取数据需要的时间要长很多。同时电荷泵又需要较高的能量,写、擦操作对电压的要求都比较高,一般为$8 \sim 12$ V。

　　在传统的基于 CMOS 的工艺中,电容越大,则存储器存储电荷的能力越强,而电容的大小又与两极板间间距成反比,因此电容越大,则两极板间间距越小。但两极板间间距越小,极板间的电场强度就越大,极板就越容易被击穿,这为器件的使用带来了极大的安全隐患。为避免极板被击穿,通常可以将两块极板做成鸡冠状来增大电容。这种方法就是在给定的很小的硅片表面上制造桅杆式的电极,但这种方法的弊端是该电极顶端与集成电路表面器件连线较为困难,而且这种方法也与芯片小型化、集成化的要求相悖。另一方面,快闪存储器的浮栅结构对绝缘层的要求较高,任何缺陷都会导致浮置栅极与沟道间形成导电通道,造成电荷丢失,最终导致器件失效。为维持栅电容等比例缩小,二氧化硅绝缘层的厚度逐渐达到其物理极限,浮置栅极中的漏电问题也变得日益严重。因此,需要采取更好的解决措施,如采用高介电常数的介质、引进新的设计和制造工艺等,但这些措施又无法解决如何维持稳定性等主要问题。虽然目前快闪存储器仍遵循着摩尔定律快速地发展,但这掩盖不了快闪存储器自身存在的缺陷,表面电极连线问题和漏电问题就足以使快闪存储器走向没落。

1.1.2　计算机的存储墙问题

当前的计算机普遍采用冯·诺依曼体系结构,其主要特点是:

(1)数据及指令都以二进制的形式共同存储在一个存储器中;

(2)计算机运行时,把要执行的程序和需要处理的数据先存入主存储器,当执行程序时,自动按顺序从主存储器中提取指令,然后按顺序逐条执行;

(3)计算机硬件包括运算器、控制器、存储器、输入器件和输出器件。

这种体系结构奠定了现代计算机的基础,也成就了如今计算机的辉煌。但在该体系结构中存在运算和存储在空间上分离的问题,这也导致冯·诺依曼瓶颈和存储墙问题的出现,进而制约现代计算机的发展。如图 1-2 所示,冯·诺依曼瓶颈是指在冯·诺依曼体系结构中处理器与存储器间的数据流量与存储器的容量相比显得极其有限,处理器消耗数据的速度与通道传送数据的速度不匹配,导致程序和数据无法在同一时间访问。与处理器的运算速率相比,数据传输速率较低,导致处理器在数据进出存储器时闲置。当处理器需要在大量的数据上执行指令时,数据传输速率就会严重制约计算机的整体效率。有时为了完成数据访问,必须多次经过冯·诺依曼瓶颈传递信息,这严重影响着系统的性能。

多年来,计算机的处理器和存储器分别按照各自的制造工艺发展,因此在性能的提升上二者存在着明显的差异。图 1-3 展示了 1980～2010 年间存储器和处理器的性能增长情况。1980 年存储器的基准为 64 KB DRAM,在之后的 20 年里存储器的访问延迟性能年均改善 7%。而处理器性能的年均增长率在 1980～1986 年间为 25%,1987～2004 年间为 52%,2005～2010 年间为 20%。存储器性能与处理器性能的不匹配发展直接导致了它们之间性能差异的加大,存储器的存取速率严重滞后于处理器的运算速率,这就产生了存储墙问题。如今处理器已经进入多核时代,运算速率有了显著提升,但存储墙问题并没有因此而缓解,反而因带宽失衡现象继续恶化。

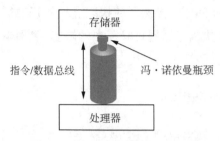

图 1-2　冯·诺依曼瓶颈示意图

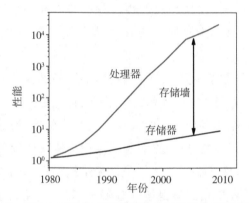

图 1-3　1980~2010 年间存储器和处理器的性能增长情况图

　　为解决存储墙问题,人们提出了多种技术方案。2012 年,日本国家材料研究所的 Tsuyoshi 等人采用原子开关器件构建电子系统和超越冯·诺依曼体系结构的计算机,从而突破了冯·诺依曼瓶颈。最近,英国埃克塞特大学的 Wright 等人将纳米级的相变存储器用于算术运算和模拟神经元计算,在同一个物理位置上同时进行数据存储和数据处理,这为构建超越冯·诺依曼体系结构的计算机提供了一种新的技术手段。

1.1.3　忆阻器的出现

　　传统存储技术的局限和计算机的存储墙问题严重制约着计算机的发

展,而忆阻器的出现给研究学者带来了希望。忆阻器可以使手机的待机时间更长,个人电脑开机后无须等待而立即启动,电池耗尽后笔记本电脑也能记忆上次使用的信息等。

忆阻器的英文 memristor 是 memory 和 resistor 两个单词的合成词,意思是可记忆电阻器。忆阻器是一种具有记忆功能的非线性二端电路器件。忆阻器的电阻随外加电流的变化而变化,因此即使供电中断,忆阻器也能记忆流经电流的总数,从而有效储存信息。

早在 1971 年,美国加州大学的蔡少棠教授就预言了第四种基本电路器件的存在。根据四个基本电路变量:电流 i,电压 v,电荷 q 和磁通量 φ 间的六种数学关系,蔡少棠教授由对称性推断除了电阻器、电容器和电感器外,应存在第四种基本电路器件来表征电荷与磁通量间的函数关系,即:$\mathrm{d}\varphi = M\mathrm{d}q$,其中 M 为忆阻值。蔡少棠教授把第四种基本电路器件命名为忆阻器。忆阻器可用以下方程定义:

$$I = G(w, v)v \tag{1-1}$$

$$\frac{\mathrm{d}w}{\mathrm{d}t} = f(w, v) \tag{1-2}$$

其中,w 是一个或一系列内部状态变量,G 是与器件内部状态有关的总电导,f 是一个关于时间 t 的函数。

忆阻值 M 由瞬时输入 v 唯一确定,对于非线性的忆阻器而言,内部状态变量和器件的忆阻值/电导率是瞬时状态 w 和输入 v 对时间的积分。这就产生了依赖于 i-v 特性的关系,因此忆阻器具有任意组合其他三种无源基本电路器件都不能复制的特性,也使得忆阻器自身区别于其他三种无源基本电路器件。图 1-4 展示了无源基本电路器件电阻器、电容器、电感器和忆阻器及电路变量间的关系。

忆阻器理论上应具有两个电极中间夹一层近绝缘体的三明治结构。然而,该理论预测一直无法被证实,人们一直没能找到能实现忆阻器物理特性的实际系统。过去,随着基于晶体管制备的集成电路蓬勃发展,研究者们也不太关注这个新兴的器件,这种状况几乎持续了半个世纪。直至 21 世纪初,形势开始发生了变化,半导体界开始意识到传统存储技术面临着巨大的危机,在 10 nm 以内技术节点进行高分辨率制造、静电控制和功耗管理等方面的工作中都出现了难以克服的困难。研究学者们开始专注于设计和开发新型元器件来延续过去几十年来半导体工业给人们带来的繁荣。

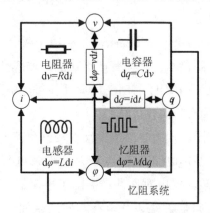

图 1-4 电阻器、电容器、电感器和忆阻器及电路变量间的关系图

2008 年,惠普实验室的研究人员利用二氧化钛成功制备了忆阻器,可以通过控制二氧化钛层中氧原子的分布控制该器件的运行,这是忆阻器在 1971 年被蔡少棠教授预言存在后的首次物理实现。该忆阻器由双层的二氧化钛薄膜构成,通过 TiO_{2-x} 材料和本征 TiO_2 材料内感应电场对氧空位的漂移和传输作用,实现了电流与电压间的异常转换和迟滞现象、多阻态和负阻现象。世界上第一个实用的忆阻器实物如图 1-5 所示。

图 1-5 惠普实验室忆阻器实物图

忆阻器在晶体管时代经历了漫长的"下落不明"后,被惠普实验室首先"找到"。这篇发表在 Nature 上的论文轰动了全球电子学界,也让忆阻器得以为人所知。从某种意义上来讲,可记忆器件极有可能引领电子学界进行

一次重要变革,它将会帮助开发电子学领域的新功能,比如推动低功耗计算机、存储器及新一代能模拟学习、自适应的神经形态器件的产生及应用。在这之后,人们开始投入大量的精力研究多种材料的阻变特性。

2011 年,蔡少棠教授扩展了忆阻器的定义,他表示所有与频率有关的在 $i\text{-}v$ 曲线一、三相限出现迟滞环的二端系统都是忆阻器。随着这个对忆阻器的扩展定义出现,研究学者们开始意识到在 2008 年惠普实验室利用纳米技术制造出忆阻器之前,过去的两个世纪里人们已经观测并记录了大量关于阻变特性的数据。

忆阻器的一个具体应用就是阻变式存储器(RRAM),RRAM 的特点是器件的电流突变并具有较高的开关电流比(也称电阻比)。而具有模拟型电导转换特性的忆阻器的特点是器件的电流渐变且开关电流比较低,因此这个方面的研究激发了研究学者在突触模拟和神经形态计算方向上的研究热潮。图 1-6 为忆阻器的 $I\text{-}V$ 特性曲线,其中包括数字型电导转换特性曲线和模拟型电导转换特性曲线。人工神经网络的突触数量可达每平方厘米 10^{10} 个。目前已经通过忆阻器的交叉结构建立了高仿真的内部神经元连通,这表明不仅包括短期可塑性与长期可塑性的基本突触功能可以实现,而且与尖峰时间相关的可塑性、与尖峰频率相关的可塑性、基于器件水平的学习经验和基于网络水平的多突触合作与相互作用都可以实现。所以,基于忆阻器的神经形态系统可能会引发传统的冯·诺依曼计算机的变革,进而能够执行判断、决断和学习等人类特有的行为。

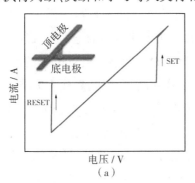
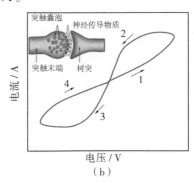

图 1-6 忆阻器的 $I\text{-}V$ 特性曲线

(a)数字型电导转换特性;(b)模拟型电导转换特性

半导体器件的尺寸缩小至 10 nm 以下,会使传统的半导体器件面临一系列技术和物理极限的挑战,只有引入新型元器件才能解决传统元器件无法解决的问题,忆阻器就是这些新型元器件之一。忆阻器具有很多优势,如结构简单、成本低,并且只需制备类似电容的三层薄膜结构即可实现复杂的功能。忆阻材料可选择与传统 CMOS 工艺兼容的材料,因此可利用 CMOS 技术中普遍采用的工艺制备,如物理气相淀积(PVD)、化学气相淀积(CVD)和原子层淀积(ALD)等。忆阻器件还具有按比例缩小的能力,忆阻器件在尺寸缩小至几纳米时仍能展现出良好的器件特性。面对不同的需求,忆阻器件还具有其他传统器件不具备的优势。

忆阻现象最早被应用于存储器领域。理想的存储器应同时具有高速度、低功耗、高集成度、低成本、良好的数据保持能力及数据反复擦写的耐久力。然而令人遗憾的是,目前尚没有任何一种技术能同时满足上述要求。所以,人们需要根据不同的应用需求,在性能上进行取舍,设计出不同类型的存储器。当前的存储器体系主要由缓存(cache)、主存(main memory)和非易失性存储器(NVM)组成,其中缓存通常使用静态随机存取存储器(SRAM),主存一般使用动态随机存取存储器(DRAM),在断电后,这两类存储器存储的数据都无法保持,所以这两类存储器被称为易失性存储器。当前主流的非易失性存储器为快闪存储器和一次写入多次读取存储器(WORM),相比于 SRAM 和 DRAM,它们具有更高的存储密度,但速度较慢且反复擦写的次数有限。

随着科学技术不断进步,传统的存储技术已不能满足市场需求。电荷型存储器(DRAM 等)在尺寸缩小后将面临无法束缚足够的电荷以及邻近存储单元电荷耦合等难题。此外,由于人们对存储器性能的要求越来越高,传统的存储器已经无法满足人们的需求,因此具有高速度、高集成度和非易失性的新型存储器成为新的研究热点。新型存储器应具备非易失性、工作寿命长、尺寸可缩小能力好、读写速度快、功耗低、与 CMOS 工艺兼容等优点。目前出现的新型存储器包括磁性随机存取存储器(MRAM)、铁电随机存取存储器(FRAM)、相变随机存取存储器(PRAM)和阻变随机存取存储器(RRAM)等。MRAM 和 FRAM 存在尺寸可缩小能力差、与 CMOS 工艺不兼容等缺陷,而 PRAM 和 RRAM 则具有较好的应用潜能。PRAM 可利用脉冲产生的热量使材料在非晶态与晶态间产生相变,还可利用电阻值的变化来实现信息存储。PRAM 的读写速度快、存储密度高、寿命长,但是其相变需要接近毫安级的大电流驱动,功耗过高,极大地制约了 PRAM 的应用。在功耗方面,RRAM 是 PRAM 的有力竞争者。RRAM 不但具有结构简单、集成度高等优点,还兼具速度快、电压低、存储窗口大和热稳定性良好等优势,因此RRAM 也成为新型存储器的最佳候选之一。

1.2 忆阻器的发展趋势

1.2.1 忆阻材料的研究进展

忆阻材料是制备忆阻器的基础,目前报道的忆阻材料包含多种类型,如二元氧化物、固体电解质、单质类材料、有机聚合物材料、钙钛矿型复合氧化物等。忆阻材料在忆阻器中的应用形态主要包括薄膜、纳米线以及纳米颗粒等。

1.2.1.1 二元氧化物

近年来,大量的二元氧化物被报道具有阻变特性,主要包括过渡金属氧化物、镧系氧化物和部分非金属氧化物,比如 Al、Si、Ti、Hf、Ta 等的氧化物可被用作忆阻材料。二元氧化物具有工艺简单、与 CMOS 工艺兼容、性能稳定等优点,具有很高的实际应用价值。TiO_x、TaO_x、HfO_x 以及 SiO_x 都是具有应用潜力且被主要研究的二元氧化物。

2009 年,黑龙江大学在研究 $Pt/TiO_{2-x}/TiO_2/Pt$ 纳米结构忆阻器的电阻开关模型和机理的基础上,进一步研究 $Pt/TiO_{2-x}/TiO_2/TiO_{2+x}/Pt$ 双扩展纳米结构忆阻器的开关结构、工作机理和制造方法。研究结果表明,新结构与旧结构相比具有双注入、开关速度快近一倍、功耗小近 1/3 的优点,具有广泛的应用前景。该研究成果获得两项美国发明专利,同时黑龙江大学研究并提出的蛋白质快速开关忆阻器获得中国发明专利。

TaO_x 因具有良好的耐久性而备受研究学者的青睐。2011 年,Lee 等人报道了 $Pt/Ta_2O_{5-x}/TaO_{2-x}/Pt$ 结构的忆阻器,该忆阻器的循环次数大于 10^{12}

次,开关时间约 10 ns,阻变曲线非对称,器件自身可抑制串扰。2012 年,Miao 等人对 Ta/TaO$_x$/Pt 结构的忆阻器进行了研究,发现基于 TaO$_x$ 制备的忆阻器的内部状态变量是导电通道中的氧浓度,通过改变写电流的大小可对导电通道中的氧浓度进行连续电调节,还发现基于 TaO$_x$ 制备的忆阻器具有多值存储能力。该项研究有望使基于 TaO$_x$ 制备的忆阻器尺寸进一步缩小。2013 年,Yang 等人对 Pd/Ta$_2$O$_{5-x}$/TaO$_y$/Pd 结构的忆阻器进行了研究,发现通过对沉积 TaO$_y$ 层的氧分压进行控制可将器件的阻变特性调节为单极型、互补型和双极型。若基于 TaO$_x$ 制备的忆阻器中有 Cu、Ag 等电化学活性电极,那么阻变特性将由阳离子效应引发。Tsuruoka 等人在 Cu/Ta$_2$O$_5$/Pt 结构的忆阻器中观察到了类似突触的行为,并发现 SET 过程中 Cu 在 Pt 电极上的成核现象可能能够决定 SET 时间。2016 年,Anja Wedig 等人对基于 TaO$_x$、HfO$_x$ 和 TiO$_x$ 制备的忆阻器的阻变机制进行了研究,研究结果表明在该类二元氧化物体系中,阻变机制不仅与氧空位的迁移有关,还与金属离子的迁移有关。

HfO$_x$ 作为一种高介电常数材料具有较好的工艺兼容性,因此被广泛应用于微电子领域。2013 年,Yu 等人提出一种基于 HfO$_x$ 制备的三维忆阻器,该忆阻器的开关时间小于 100 ns,循环次数大于 10^8 次。Balatti 等人提出在 TiN/HfO$_x$/TiN 结构的忆阻器中可以通过控制导电细丝生长的方向和程度使该忆阻器具有任意阻态和两种不同的记忆状态。Long 等人采用蒙特卡罗法研究了 Pt/HfO$_x$/Pt 结构的忆阻器中的 RESET 过程,研究结果表明其阻变机制为热效应所导致的导电细丝的形成和熔断。

SiO$_x$ 与 CMOS 工艺兼容且成本低廉,受到了研究学者的广泛关注。基于 SiO$_x$ 制备的忆阻器存在多种阻变机理。2007 年,Schindler 等人采用基于阳离子效应的机制对 Cu/SiO$_2$/W 结构的忆阻器中的单极型和双极型阻变特性进行了分析。2010 年,Yao 等人利用 SiO$_x$ 基体中 Si 纳米晶的形成和变化制了忆阻器,该忆阻器的开关电流比大于 10^5,开关时间小于 100 ns,与以往的忆阻器相比尺寸缩小且潜力巨大。2013 年,Choi 等人将 Pt 纳米颗粒分散到 SiO$_2$ 基体中制备出性能优异的忆阻器,该忆阻器的开关时间小于 100 ps,循环次数大于 3×10^7 次,阻变机制为离子的迁移。

2016 年,Park 等人利用电化学沉积工艺制备了 Ni/CuO$_x$/Ni 结构的柔性忆阻器,并观测到了双极型阻变特性,该忆阻器的阻变机制为电场作用下氧空穴的迁移导致的导电细丝的形成和熔断。

1.2.1.2 固体电解质

固体电解质的阻变机制主要是金属离子的迁移效应。2010 年,Xu 等人采用原位透射电镜在 Ag/Ag$_2$S/W 结构的忆阻器中观察到了纳米导电通道的形成和断裂。当施加电压时,Ag$^+$ 开始迁移,同时部分 Ag$_2$S 由低导态的螺状硫银矿转换为高导态的辉银矿,辉银矿 Ag$_2$S 是 Ag$^+$ 的传输通道,之后 Ag$^+$ 在对面电极被还原,最终在辉银矿 Ag$_2$S 中形成 Ag$^+$ 的纳米导电通道。辉银矿 Ag$_2$S 和 Ag 纳米晶分别为离子和电子的导电通道。2012 年,Jang 等人采用化学方法在水溶液中合成出尺寸为 10 nm 的 Ag$_2$Se 颗粒,再采用旋转涂膜法在 PEN 基片上制备出 Ag/Ag$_2$Se/Au 结构的忆阻器,该忆阻器的循环次数大于 10^4 次。Nayak 等人研究了基于 Cu$_2$S 制备的原子开关器件的突触可塑性,这项研究在人工神经网络领域具有应用价值。2013 年,Hurk 等人将两个 Ag/GeS$_x$/Pt 结构的忆阻器用惰性电极 Pt 串联起来,制备出了互补型阻变存储元件。2015 年,西南大学的 Bai 等人对 Ag/MoS$_2$/FTO 结构的忆阻器的阻变特性进行了报道。

1.2.1.3 碳基材料和硅基材料

碳基材料主要是指石墨烯、碳纳米管、富勒烯及它们的衍生物等。碳基材料(尤其是石墨烯)是目前的研究热点,与忆阻器的结合意味着会有更多优异特性出现。石墨烯本身导电,通常是石墨烯的衍生物或石墨烯与其他材料形成一定的结构才会表现出阻变特性。2010 年,Jeong 等人基于氧化石墨烯(GO)制备了 Al/GO/Al 结构的柔性忆阻器,该忆阻器的阻变机制为 Al/GO 界面处非晶态氧化层中导电细丝的形成和熔断。Zhuge 等人在 Cu/a-C:H/Pt 结构的忆阻器中观察到了阻变特性,该忆阻器的阻变机制为电化学反应所导致的 Cu 导电细丝的形成和熔断。2011 年,Chai 等人报道了基于无定形碳(a-C)并以碳纳米管(CNT)为底部电极制备的 Ag/a-C/CNT 结构的忆阻器,还制备了 Ag/a-C/CNT/a-C/Ag 结构的互补型忆阻器。2012 年,He 等人在 SiO$_2$/石墨烯结构中观察到了多阶阻变特性。2012 年,Wang 等人在金属/石墨烯结构中观察到了阻变特性。2012 年,Hwang 等人将 B 或 N 掺杂的碳纳米管加到聚苯乙烯中作为电荷陷阱,提高了聚苯乙烯忆阻器的性能。2013 年,He 等人在研究石墨烯/SiO$_2$/石墨烯结构的忆阻器时发现,通过控制阻态可以对该忆阻器的电致发光性能进行调节。2015 年,东北大学的 Zhao 等人报道了基于 a-C 制备的 Cu/a-C/Pt 结构的忆阻器,并观测到了量子电导现象,该忆阻器的阻变机制为 Cu 导电细丝的形成与熔断。

Siebeneicher 等人在研究 ITO/SiO$_2$/C$_{60}$/有机半导体/Al 结构的忆阻器时发现了 SiO$_2$/C$_{60}$ 界面处的电荷陷阱引发的阻变特性。2009 年,Jo 等人采用非晶硅(a-Si)作为忆阻器的功能层材料,制备了高密度存储阵列。该忆阻器采用硼掺杂多晶硅纳米线作为底部电极,a-Si 作为功能层,Ag 纳米线作为顶部电极,以十字交叉的结构组成 32×32 的阵列(存储容量为 1 KB),单根纳米线宽为 120 nm,存储密度为 2 Gb/cm^2。基于 a-Si 制备的忆阻器与 CMOS 技术兼容,该忆阻器的阻变机制为 a-Si 中 Ag 导电细丝的形成和熔断。另外,该课题组还发现基于 a-Si 制备的忆阻器具有自整流特性,在交叉杆阵列中可以有效避免串扰。

1.2.1.4 钙钛矿结构的铁电和压电材料

钙钛矿结构的材料具有自极化效应,外加电场时极化方向将沿外电场的方向重新排列。极化方向改变前后的材料对外显示不同的电流传输能力,因此这类材料可以在外电场的作用下对外显示连续可变的电阻,呈现出阻变特性。目前报道的钙钛矿结构的忆阻材料包括 SrTiO$_3$、BaTiO$_3$、LaMnO$_3$ 等。2010 年,Muenstermann 等人在研究 Pt/SrTiO$_3$:Fe/SrTiO$_3$:Nb 结构的忆阻器时发现局域机理和界面机理共存。2011 年,Yan 等人报道了 Au/BaTiO$_3$:Co/Pt 结构的忆阻器具有阻变特性,该忆阻器的开关电流比大于 10^4,循环次数大于 10^5 次,SET 时间/RESET 时间小于 10 ns/70 ns。2013 年,Yang 等人在研究 Pt/SrTiO$_3$:Nb/In 结构的忆阻器时观察到了易失性与非易失性两种阻变特性共存的现象。2016 年,Nam 等人报道了 CH$_3$NH$_3$PbI$_3$ 材料的多电平数据存储特性,并且发现 Ag/CH$_3$NH$_3$PbI$_3$/Pt 结构的忆阻器具有较低的 SET 电压(约为 0.13 V)和较高的开关电流比(10^6),研究结果表明该忆阻器具有 4 位存储能力,阻变机制为缺陷的迁移。

1.2.1.5　生物兼容性材料

2012 年, Hota 等人在研究 Al/丝素蛋白/ITO 结构的忆阻器时观测到了双极型阻变特性, 丝素蛋白/ITO 在可见光波段具有良好的透明性。通过扫描隧道显微镜观察到 Al/丝素蛋白/ITO 结构的忆阻器中有导电通道形成, 该忆阻器的阻变机制为丝素蛋白薄膜中载流子的俘获和释放以及氧化还原反应。2015 年, Chen 等人报道了基于蛋白质制备的忆阻器的阻变特性。2016 年, Li 等人报道了基于铁蛋白制备的 Pt/铁蛋白/Pt 结构的生物忆阻器, 研究结果表明 Pt/铁蛋白/Pt 结构的生物忆阻器不仅具有非易失性存储特性, 而且具有易失性阈值特性, 通过控制限制电流可实现 Pt/铁蛋白/Pt 结构的生物忆阻器在存储特性和阈值特性间的切换。2016 年, Lee 等人基于淀粉制备了 Au/淀粉/ITO 结构的柔性忆阻器, 研究结果表明该忆阻器的阻变特性为突变且具有较低的操作电压。当将淀粉与聚氨基葡萄糖的复合材料作为功能层时, 阻变特性由突变转换为渐变, 因此该忆阻器适用于神经形态的存储器件。该忆阻器的阻变机制为富碳细丝的形成和熔断。

1.2.1.6　有机聚合物材料体系

可用于构成忆阻器的有机聚合物材料具有种类多、柔性、分子结构可设计、制备工艺相对简单等特点。有机聚合物忆阻器的阻变机制主要基于电荷转移和陷阱电荷。2011 年, Cho 等在研究 Ag/聚合物/深掺杂 p 型多晶硅结构的忆阻器时通过透射电镜观察到了 Ag 纳米细丝, 证明该忆阻器的阻变机制类似电化学中的金属离子迁移效应。2012 年, Hahm 等采用富勒烯封端的聚合物作为功能层材料, 制备了 Al/聚合物/ITO 三明治结构的忆阻器, 在该忆阻器中实现了单极型和双极型同时存在的阻变特性。2016 年, Yam 等人报道了 Al/聚合物/ITO 结构的忆阻器的三元阻变特性。同年, Lee 等人对聚酰亚胺与富勒烯衍生物复合材料的阻变特性进行了报道。

近年来, 随着世界范围内研究基于有机聚合物及其复合材料制备的忆阻器数量的不断提升, 有机聚合物存储器件受到越来越多的关注。当传统的存储器技术正处于小型化的瓶颈期时, 有机聚合物存储器件被人们认为是突破这一瓶颈的一个极具潜力的途径。2005 年, 国际半导体技术蓝图认定有机聚合物存储器件是一项新兴的存储技术。ISI Web of Science 也认定有机聚合物存储器件是最新的研究热点。

1.2.2 忆阻器国外研究现状

在基于有机聚合物制备的忆阻器的研究中,忆阻器的功能层所采用的材料主要包括聚合物和复合物两种。以聚合物作为功能层的忆阻器具有参数分布集中和性能稳定的优势,但同时也具有材料合成工艺复杂以及在聚合工艺中存在引入杂质和功能性化学键可能被破坏的弊端。以复合物作为功能层的忆阻器具有工艺简单、通过改变混合比即可实现电学特性调整的优势。

1.2.2.1 功能层材料——聚合物

2014 年,韩国浦项科技大学的 Ree 等人报道了三种 π 共轭的施主-受主型聚合物 Fl-TPA、Fl-TPA-TCNE 和 Fl-TPA-TCNQ,它们由芴、三苯胺、二甲基苯胺、炔烃、炔烃-TCNE 加合物和炔烃-TCNQ 加合物构成,所有的聚合物在 291~409 ℃ 的温度范围内具有较好的热稳定性,聚合物都是非晶态的。研究表明,将具有电子受体特性的 TCNE 和 TCNQ 连接到 Fl-TPA 的侧链炔烃上不但拓展了 π 键的共轭长度,还促进了内部分子的电荷转移,导致了紫外-可见光谱的红移。这些改变不但降低了 HOMO 和 LUMO 的能级,也减小了禁带宽度。研究还发现存储特性与分子轨道和禁带宽度的变化直接相关。在存储器件中,Al 被用来作为顶部电极和底部电极,Fl-TPA(厚度为10~20 nm)展现了稳定的单极型非易失性阻变特性,然而,这个电学特性在引入 TCNE 和 TCNQ 后发生了改变。除了单极型非易失性阻变特性以外,Fl-TPA-TCNE(厚度为 10~30 nm)还展现了稳定的单极型易失性阻变特性,这表明空穴的注入决定了阻变特性种类。在基于 Fl-TPA-TCNQ 制备的存储器件中,观察到了相似的易失性和非易失性阻变特性,然而 Fl-TPA-TCNQ 的阻变特性是由电子和空穴的共同注入决定的,电子施主和受主作为俘获电荷的场所共同作用,电荷的共同注入意味着存储器件可以在相对较低的电压下运行。所有有机聚合物存储器件的易失性和非易失性阻变特性均满足空间电荷限制电流机制和局部丝状电导机制。研究结果表明,将氰基成

分引入 π 键中对于设计和合成高性能数字存储聚合物而言是个不错的选择,包含 TCNE 和 TCNQ 的聚合物活性高,适合廉价大量生产,性能好,无极性,可编程,具有非易失性阻变特性。

2014 年 4 月,美国洛斯·阿拉莫斯国家实验室的 Wang 等人利用苯并二噻吩合成了新型的施主-受主型共轭聚合物并将其应用于柔性存储器件中,实验表明该存储器件具有非易失性与热恢复/非热恢复的存储特性。

2016 年,印度阿米提大学的 Mangalam 对聚甲基丙烯酸甲酯(PMMA)薄膜的阻变特性进行了报道,并对 Ag/PMMA/FTO 结构的忆阻器的阻变机制进行了分析。研究发现,通过对样品进行退火处理可有效提高器件的性能,这表明溶剂的蒸发在提升器件的存储性能中起着重要的作用。同时还发现,高阻态向低阻态的转换过程只发生在银电极上被施加正向偏压时,这证实了阻变机制为聚甲基丙烯酸甲酯薄膜中银离子导电细丝的形成。在不同的温度下器件的 SET 电压和 RESET 电压均随着温度的升高而升高,这表明在较高温度下,随着溶剂不断蒸发,聚甲基丙烯酸甲酯薄膜逐渐趋于玻璃化。

1.2.2.2 功能层材料——复合物

PCBM 是一种 p 型有机聚合物,是一种富勒烯衍生物,具有较好的溶解性及很高的电子迁移,它能与常见的聚合物给体材料形成良好的相分离,因此其目前已成为有机太阳能电池电子受体的标准物。大量的文献对 PCBM 与电子受体材料掺杂共混作为功能层的存储特性进行研究,其中电子受体材料包括三芳胺和 P(VDF-TrFE)等,将这些 n 型材料与 p 型 PCBM 掺杂共混,利用混合物制备三明治结构的存储器件,研究表明这些器件都具有较好的存储特性。

2013 年,Alshareef 等人将 n 型的 P(VDF-TrFE)与 p 型的 PCBM 进行了混合,将混合物用作忆阻器的功能层,并对溶剂和工艺条件进行了优化,将 PEDOT:PSS 用作顶部电极和底部电极的材料。测试结果表明,薄膜具有较好的表面形貌和较低的表面粗糙度,该忆阻器的开关电流比为 3×10^3,读取电压约为 5 V,频率为 1 MHz,该忆阻器具有良好的介质响应以及长达 10000 s 的优秀的保持特性。

聚乙烯咔唑(PVK)也是一种 p 型有机聚合物,通常在有机光电器件中被用作空穴传输材料。聚乙烯咔唑与大量的电子受体材料掺杂共混作为忆阻器功能层的相关研究被广泛报道,电子受体材料包括碳纳米管、石墨烯、胶质 $CuInS_2$/ZnS 核壳量子点、2,4,7-三硝基-9-芴酮等,将这些材料与聚乙烯咔唑掺杂共混,利用混合物制备三明治结构的存储器件,研究表明这些器件都具有较好的存储特性。

2009 年,韩国的 Lee 等人将 TiO_2 纳米粒子与聚乙烯咔唑共混,并将其用作忆阻器的功能层,制备了 8×8 的阵列结构。测试结果表明,该忆阻器具有双稳态电阻态及单极型非易失性阻变特性。其中 TiO_2 纳米粒子是实现双稳态电阻态的关键因素,TiO_2 纳米粒子的浓度影响开关电流比。通过电气测量可以看出,PVK:TiO_2 纳米粒子结构的忆阻器的阻变机制与导电细丝有关,关态时载流子热激发传输占主导地位,开态时载流子隧道传输占主导地位。在 8×8 的阵列结构中 PVK:TiO_2 纳米粒子结构的忆阻器展示了一致的单极型阻变特性。2010 年,韩国的 Choi 课题组报道了 ITO/Au 纳米粒子与聚乙烯咔唑混合物/Al 结构的双稳态有机忆阻器的非易失性阻变特性。透射电子显微镜图像显示 Au 纳米粒子各向同性地分布在聚乙烯咔唑胶质表面,由 C-V 磁滞曲线评估出 Au 纳米粒子的平均感生电荷较大,在±3 V 的扫描电压下,平均感生电荷约为每个纳米粒子 5 个空穴。该双稳态有机忆阻器的开关电流比可达 $1×10^5$,循环次数大于 $1.5×10^5$ 次,在大于 $1×10^6$ s 的保持时间内开关电流比可稳定在 10^5 的数量级上。为了阐明该双稳态有机忆阻器的阻变机制,课题组应用密度泛函理论计算了态密度和投影的态密度,并对 Au 纳米粒子与聚乙烯咔唑的相互作用进行了研究。高阻态时载流子传输由 SCLC 和 TCLC 控制,低阻态时载流子传输由 FN 隧穿机制控制。早在 2007 年,新加坡大学的 Song 等人就对基于 Au 纳米粒子与聚乙烯咔唑混合物制备的忆阻器的电双稳态特性进行了报道,他们利用聚乙烯咔唑和 Au 纳米粒子间感生电场形成的电荷转移复合物对阻变机制进行了解释。

PEDOT:PSS 是一种聚合物的水溶液,电导率高,热稳定性强。根据不同的配方,可将其制备成电导率不同的水溶液。该溶液由 PEDOT 和 PSS 构成,PEDOT 是 EDOT(3,4-乙烯二氧噻吩)的聚合物,PSS 是聚苯乙烯磺酸盐。PSS 极大地提高了 PEDOT 的溶解性。该溶液主要应用于发光二极管、太阳能电池、薄膜晶体管、超级电容器等的空穴传输层。

早在 2003 年，Möller 等人就在 *Nature* 上报道了 PEDOT:PSS 的阻变特性，报道中他们将 PEDOT:PSS 沉积在一个 p-i-n 硅基上。从那以后，研究人员陆续报道了 PEDOT:PSS 的相关研究，其中包括双极型、单极型以及非极型阻变特性。为了对 PEDOT:PSS 的阻变特性进行改进，研究人员对将 PEDOT:PSS 与其他材料进行掺杂共混的混合物作为功能层的忆阻器进行了大量的相关研究。这些材料包括多壁碳纳米管、PVA（聚乙烯醇）、甘油、KDP（磷酸二氢钾）和 PVP（聚乙烯吡咯烷酮）等。

2013 年，Hümmelgen 等人利用聚乙烯苯酚与被维生素 C 还原的石墨烯的复合材料制备了忆阻器，并报道了其中的 WORM 存储特性。

1.2.3 忆阻器国内研究现状

1.2.3.1 功能层材料——聚合物

2012 年，台湾大学的 Liou 课题组合成了两个系列的聚酰亚胺：AQ-PI 和 OAQ-PI，并对将 OAQ-6FPI 和 AQ-6FPI 作为功能层的忆阻器的阻变特性进行了报道。不同于之前应用于忆阻器中的聚酰亚胺仅有一个主链的施主-受主效应，该忆阻器除了主链上的苯邻二甲酰亚胺受主，悬挂蒽醌基团也作为一个更强的受主基团加入了三苯胺中，并结合在侧链上。在研究主链和侧链上双受体成分对阻变特性的影响后发现，该聚酰亚胺展现出两种导电状态，电压反向扫描时开关电流比高达 10^9，当撤掉外加电压后，OAQ-6FPI 聚酰亚胺的低阻态保持了约 8 分钟。而 AQ-6FPI 聚酰亚胺在反向扫描过程中迅速回到高阻态。研究表明，基于 OAQ-6FPI 制备的忆阻器因施主和受主被隔离，有效地延长了保持时间，从而具有 SRAM 的存储特性；基于 AQ-6FPI 制备的忆阻器因施主和受主未被隔离，从而具有 DRAM 的存储特性。

有机非易失性忆阻器的操作参数一致性对于避免因误编程和误读产生的问题而言至关重要。2012 年，中科院宁波所的 Li 课题组针对非易失性忆阻器的操作参数存在严重浮动而导致误编程和误读的情况进行了分析，他们利用 PA-TsOH 制备了一个有机忆阻器，通过调整含亚胺聚合物中的分子掺杂量来调整电阻的状态,从而使非易失性忆阻器的操作参数具有可靠性和可控性。在该文中他们报道了基于 PA-TsOH 制备的非易失性忆阻器在电阻转换参数中展现出较好的一致性,且具有多重存储能力和自整流能力。

为了能使器件达到超高的存储密度(3^n 或更大),具有多重稳定态的有机材料引起了人们的关注。2013 年,苏州大学的 Lu 等人报道了一种新型的杂苯 CDPzN,CDPzN 具有两种不同类型的杂原子(O 和 N)和九个线性融合环。CDPzN 具有三明治结构,基于 CDPzN 制备的忆阻器展现了优秀的三元存储性能,具有较高的开关电流比($ON_2/ON_1/OFF = 10^{6.3}/10^{4.3}/1$),而且三态的稳定性极高。

2014 年,台湾大学的 Liou 课题组对基于芳香族聚酰亚胺/TiO_2 合成物制备的可编程数字存储器的特性进行了研究,并深入研究了 3SOH-6FPI/TiO_2 结构的存储器的开关机制,发现该存储器具有较高的开关速度。他们将 3SOH-DA(电子给体)和 6FDA(电子受体)合成为 3SOH-6FPI 和 3SOH-6FPI/TiO_2 合成物,并将其用作存储器。3SOH-6FPI 是一种含硫的具有悬挂羟基基团的聚酰亚胺,为增强其存储特性,将不同量的 TiO_2 与 3SOH-6FPI 进行合成,从而观察到了不同的存储特性。3SOH-6FPI 中的羟基基团可以和钛酸四丁酯反应,并为有机-无机的结合提供反应区域,因此可以通过溶胶-凝胶反应控制钛酸四丁酯和羟基基团的摩尔比来获得性质相同的几种合成薄膜。合成薄膜中 TiO_2 的含量从 0% 增加到 50%,基于该薄膜制备的存储器显示出了从 DRAM 到 SRAM 到 WORM 的可编程数字存储器特性,具有较高的开关电流比(10^8)。

2014 年,中科院宁波所的 Li 课题组通过氧化耦合反应合成了热稳定的 PTPA,并将其应用于忆阻器的功能层,该忆阻器展示了非易失性双稳态阻变特性,具有较高的开关电流比($5×10^8$),较长的保持时间($8×10^3$ s)以及较宽的工作温度范围($30 \sim 390$ K)。

2016 年,苏州大学的 Lu 等人通过不同结构的分子设计实现了对 ITO/有机聚合物/Al 结构的忆阻器的三元存储特性的调整。

1.2.3.2 功能层材料——复合物

2008 年,成功大学 Lai 等人对基于 Au 纳米粒子与 PVK 混合物制备的忆阻器的电双稳态进行了研究,在该忆阻器中 Au 纳米粒子的作用是存储从 PVK 发出的电子以保持高导态的稳定性。实验结果表明,在聚合物-纳米粒子系统中 Au 纳米粒子对于器件性能的优化起着非常关键的作用。除此之外,他们还对该忆阻器的热稳定性进行了研究。

2013 年,台湾大学的 Chen 等人报道了结构为 PEN/Al/聚酰亚胺混合物/Al 的忆阻器,该忆阻器的功能层为不同比例的 PI(AMTPA)与六苯并苯或 PDI-DO 共混而成。π 共轭多环化合物的添加可以稳定由外加电场产生的电荷转移复合物,因此随着两种混合物中添加成分的增加,忆阻器的特性也从易失性转换为非易失性的 flash 和 WORM 特性,两个混合系统的主要区别在于阈值电压和改变存储特性的添加比例。由于 PDI-DO 比六苯并苯具有更强的作为受主的能力和更强的电子亲和力,因此基于 PI(AMTPA):PDI-DO 混合物制备的忆阻器就有更低的阈值电压,且存储特性在更小的添加比例下就可以改变。除此之外,利用柔性 PEN 基片制备的忆阻器在弯曲测试下具有较好的耐久性。

2013 年,台湾大学的 Liou 课题组对 PCBM 和三苯胺(P-TPA)混合物的存储特性进行了报道。他们指出,在混合物中 PCBM 和三苯胺之间存在较强的相互作用,且 PCBM 可以很好地分布在三苯胺中。当 PCBM 的浓度较低时,混合物薄膜展示出 DRAM 存储特性;当 PCBM 的浓度逐渐增加到 5%~10%时,混合物薄膜展示出 WORM 存储特性。这表明混合物中存在一定浓度的 PCBM 可稳定电荷分离状态,阻止反向偏压下的电荷再结合,因此可使低阻态维持更长时间,使得设备从 DRAM 存储特性转换到 WORM 存储特性。混合物中 PCBM 浓度的增加可增大低阻态和高阻态的电流并降低开关阈值电压。

2014 年,为简化传统的施主-受主分子链设计,苏州大学的 Lu 课题组报道了两种简单的施主(TCz)和受主(PI)的合成方法,TCz 和 PI 混合后形成的薄膜具有致密、连续和平滑的表面形貌。课题组通过紫外-可见吸收光谱和循环伏安曲线对多种混合比例的混合物薄膜的光学特性和电化学特性进行了表征。结果表明,随着混合比例的变化,三明治结构的 ITO/TCz:PI/Al 忆阻器表现出易失性和可逆性的双重可调数据存储特性。

2010 年,中国科学院的 Tang 等人利用简单的旋转涂膜法将 Ag 纳米粒子与聚乙烯咔唑的混合物作为功能层制备了 ITO/共混物/Al 结构的忆阻器,该忆阻器的电流-电压特性表明其具有明显的电双稳态和负阻特性。室温下,开关电流比大于 10^3。电双稳态归因于 Ag 纳米粒子与聚乙烯咔唑之间的感生电场形成的电荷转移作用,负阻特性与 Ag 纳米粒子对电子的俘获作用有关。

2011 年,清华大学的 Zeng 课题组将聚乙烯吡咯烷酮与 PEDOT:PSS 进行了共混掺杂,将得到的混合材料用于忆阻器的功能层,并对其阻变特性进行了测量。研究表明,聚乙烯吡咯烷酮的添加可将忆阻器的开关电流比从 10^3 增大到 10^5,并将保持时间延长至超过 10^5 s。

2014 年,中国科学院的 Ma 等人将聚乙烯醇与 PEDOT:PSS 进行了共混掺杂,将得到的混合材料用于忆阻器的功能层,并对其阻变特性进行了研究。研究表明,该忆阻器的阻变特性与紫外臭氧处理的工艺密切相关,经过紫外臭氧处理的忆阻器的特性得到了明显的改善,开关电流比大于 10^2,开关态电流可保持 96 h 无明显衰减。

总之,在过去的几年里,人们在有机聚合物忆阻器方面的研究取得了突破性进展,尤其是在忆阻器的结构及特性等方面。目前国际上已经制备出尺寸小于 30 nm 和具有各种极佳特性的忆阻器,如忆阻器的擦写时间小于 5 ns、擦写电压小于 1.5 V、SET 电流小于 10^{-12} A、开关电流比大于 10^7、擦写次数大于 10^4 次以及耐热温度高达 470 K 等。

1.3 目前研究存在的问题

如上所述,忆阻器作为一个新发明的无源电路器件引起了研究学者们的广泛关注。近年来,人们对忆阻器的研究取得了突破性进展,特别是在忆阻器的结构及特性等方面。但在不同的应用需求下,忆阻器的研究和应用还存在着许多难题。

(1)阻变机制不清晰。在之前的报道中,虽建立了各种阻变机制模型,但针对同一种结构的器件,往往不同的课题组建立的机制模型完全不同,同时制备工艺不同也可能引起阻变机制的不同,这阻碍着研究人员对阻变机制的彻底理解。拥有清晰的阻变机制是提高忆阻器性能的根源,所以,需要更系统地研究以获得一个更加透彻的阻变机制模型。

（2）应该寻找一个有效方法消除忆阻器在不同循环过程中高、低阻态的差别，以实现同一芯片中存储单元的连续切换和周期性存储。

（3）实现多态存储行为。在一个存储器中出现多个逻辑态可使存储容量呈指数增加。

（4）集成性能良好的忆阻器存储结构为一个存储单元，以满足不同信息存储的需求，这需要一个有效的方法加强忆阻器存储性能。

第2章　忆阻器的制备与阻变机制

　　目前,关于忆阻器的研究绝大多数都集中在纳米级薄膜,薄膜多以电极/功能层/电极的夹层结构出现。忆阻特性的典型代表就是阻变特性,其典型特征为电介质材料在外加电场的控制下可逆转换于不同电阻态之间,当撤掉电场后能保持变化后的电阻态,在不同的外加电压下会有不同的电阻态响应。

2.1　忆阻器的结构与特征

　　忆阻现象通常可以在金属/电介质/金属组成的类似电容的结构中观察到,其中间的电介质是具有阻变特性的材料,称为存储层或功能层,两侧的金属作为施加电压的两个电极,它们可以是同种材料,也可以是不同材料。具有阻变特性的电介质材料可以是一种化合物,也可以由多种化合物复合而成,目前的研究主要集中在金属氧化物和有机聚合物及其复合材料中,具有阻变特性的材料至少具有可逆的高、低两个电阻态(电导态),也可能具有多个电阻态。一般将阻值最高的状态称为高阻态(HRS)或低导态(LCS),阻值最低的状态称为低阻态(LRS)或高导态(HCS),其他状态称为中间态。将从较高阻态到较低阻态的转变过程称为 SET 过程,从较低阻态到较高阻态的转变过程称为 RESET 过程。某些材料在发生阻变现象之前,会处于一个比高阻态阻值还高的初始态,需要外加一个大电压(一般高于 SET 电压)才能使该材料完成从初始态到低阻态的转变,这个过程称为电形成过程。不同的材料按照电压极性对阻变特性的影响可分为单极型(unipolar)阻变和双极型(bipolar)阻变两种。单极型阻变是指通过施加同一极性的电压实现的阻变过程,其中 SET 过程需要的电压较低,电流较大,RESET 过程需要的电压较高,电流较小,如图 2-1(a)所示。双极型阻变是指通过施加不同极性的电压实现的阻变过程,例如 SET 过程施加正向电压,RESET 过程则需要施加反向电压,反之亦然,如图 2-1(b)所示。除此以外,还有一种特殊的单极型阻变,其阻变过程与外加电压的极性无关,即无论施加正向电压还是反向电压都可以实现 SET 过程或 RESET 过程,这种阻变称为无极型(nonpolar)阻变,如图 2-1(c)所示。

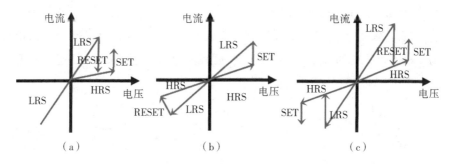

图 2-1 阻变过程典型的 *I-V* 曲线示意图

(a)单极型阻变过程;(b)双极型阻变过程;(c)无极型阻变过程

2.1.1 忆阻器的结构

忆阻器一般具有简单的结构:两个电极中间夹着功能层,附在支撑衬底(塑料、硅基、玻璃或金属箔片)上,结构如图 2-2(a)所示。顶电极和底电极可以是对称的,也可以是非对称的,应用较多的电极材料有 Al、Au、Cu、p 型硅或 n 型硅以及 ITO(氧化铟锡)。图 2-2(b)为基本存储单元,多个基本存储单元集成后可形成交叉存储阵列。图 2-2(c)为 5(字)×5(节)的交叉存储阵列。在交叉存储阵列中,每个存储单元都由其 *x* 和 *y* 坐标唯一确定,通过编程可选定单元。每个交叉存储阵列的交叉点都是一个二端器件,阵列的堆叠可形成三维的数据存储器件。图 2-2(d)为 2(堆叠层)×5(字)×5(节)的存储器件。在每个堆叠层中,都存在二维的存储阵列,多层堆叠的存储器件可实现高密度数据存储,并可简化结构,克服传统平板印刷技术的局限。

在交叉阵列和三维堆叠的存储器中,所有平行于被选中节点的邻近节点中都可能存在寄生路径,如果聚合物不具有整流特性,寄生路径将会引入寄生漏电流,从而影响操作过程。例如:如果在 A、B、C 三点读出"1"信号,则 A-A′,B-B′以及 C-C′间的材料都将被转换至高导态,如图 2-2(e)所示。虽然 D-D′间的材料可以保持在低导态("0"),但点 D 也会呈现高导态,因为电流将通过路径 D′→C′→C→B →B′→A′→A→D 从 D′流向 D,所以在 D 点的"0"信号将会在这个过程中被误读为"1"信号。在 A、B、C 三点中,流经 A-A′和 C-C′间的电流是向上的,而流经 B-B′的电流则是向下的。为了避免误读现象的发生,可在单元系列中集成 Si 的 n-i-p 型二极管(当底部电极为阳极时)或 Si 的 p-i-n 型二极管(当底部电极为阴极时),以便切断通过 B-B′的电流路径,如图 2-2(f)所示。

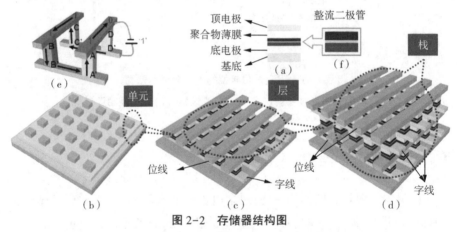

图 2-2　存储器结构图

(a)忆阻器结构图;(b)5×5 的存储单元;

(c)一个 5×5 的交叉存储阵列;(d)一个 2×5×5 的存储器件;

(e)存储器中的寄生路径;(f)为避免寄生漏电流产生而集成的整流二极管

2.1.2　忆阻器的技术要求

忆阻器的主要的技术要求包括电阻比(电流比)、均匀性、耐久性、保持性、可调性、尺寸实用性等。下文将对上述指标和相关要求分别介绍。

2.1.2.1　电阻比

对于具有两种电阻态的忆阻器,其高电阻(R_{off})状态和低电阻(R_{on})状态间应有足够大的差异,即 R_{off} 和 R_{on} 的电阻比要足够高。高电阻比的忆阻器能够提供便于区分的状态以及良好的信息记录与表达能力,这是其能够在存储型元器件中广泛应用的重要基础。

2.1.2.2　均匀性

粗糙和不均匀是阻碍器件大规模制备的障碍。粗糙和不均匀会使元器件的参数浮动大,会导致阈值电压、R_{off} 和 R_{on} 不稳定。这种差异既存在于不同的样品器件之间,也存在于同一样品的不同加载循环之间。样品的均匀性可通过器件制备工艺改进完善,如添加缓冲层限制导电通道、合理设计器件结构等。此外,对加载电压进行适当编程也有助于样品材料均匀性的提升。

2.1.2.3　耐久性

在大多数非易失技术中,写入和读取等常规操作都会产生应力,最终将影响忆阻器的性能或干扰存储数据。耐久性是用来量化忆阻器对这种应力承受能力的参数,这个参数的数值是指让忆阻器不能正确存储信息时的擦除-写入循环的最小次数。忆阻器的耐久性受多项因素制约,如材料、工艺、器件结构和工作方式等。在外电场的加载过程中,器件积累的缺陷越来越多,低阻态电流将逐渐减小,最终退化为不能被重置的单一态。重置操作和界面处理可缓解缺陷的积累,提高器件的耐久性。

2.1.2.4　保持性

就应用在非易失性忆阻器中的忆阻材料而言,数据保持性是一项非常重要的指标。保持性所对应的参数就是保持时间,这个时间指的是从数据存储到第一次读数据所跨越的时间长度。数据应该在运行带来的热应力和操作电压带来的电应力下具有良好的稳定性。而且,数据的读写速度与保持能力间也存在冲突。对相关材料体系的阻变机制完整、彻底地理解有助于制备出高可靠性的器件。

2.1.2.5　可调性

在阻变特性中,多位操作可在一个单元内实现多位数字信息的操作,能够充分利用忆阻器的设计布局,并为实现高密度忆阻器的设计提供了新的思路。在可实现多位操作的材料系统中,不同电阻态间需要具有较好的均匀性,相互之间还要保持足够大的窗口以区分不同的电阻态。而且,电性能的循环耐久性和信息存储的热稳定性也是多位操作需要考虑的重要指标。

2.1.2.6 尺寸实用性

尺寸实用性是忆阻器设计和材料制备过程中值得关注的一个重要指标。就随机存储器材料而言,高品质的纳米元器件是提高存储容量和运算速度的关键指标,也是电子产业界延续摩尔定律的重要支持。此外,忆阻器作为一种基本的电路器件,在宏观尺度上的块体器件制备也具有很高的工业应用价值。

2.1.2.7 编程或写读擦写循环

对于 flash 型存储器而言,写读擦写循环是衡量器件性能的一个非常重要的指标。单个的 RRAM 单元尺寸可以降到 10 nm 以下。一个特征尺寸为 F 的器件,对于交叉阵列结构和具有三维堆叠能力的存储单元而言,其尺寸约为 $4F^2$,这就使得高密度器件的制造成为可能。可是阻变转换发生在纳秒瞬间,意味着操作过程需要具有极高的写、读和擦能力。由于 RRAM 具有非易失性、密度高、速度快、功耗低、耐久性强、保持时间长、易于小型化、三维堆垛能力强和能与传统的 CMOS 工艺兼容等优点,RRAM 已经超越了传统的基于晶体管的存储技术,被认为是下一代通用存储器的最佳候选。

2.1.3 RRAM 的分类

RRAM 具有两种不同的存储状态:低阻态和高阻态。开的过程定义为从高阻态向低阻态的转变过程,关的过程则定义为从低阻态向高阻态的转变过程。现存的光存储器件以光盘上凹坑和非凹坑部分反射光的强弱来表示"0"和"1"两个状态,磁存储器件通过改变磁介质的极性信息实现存储。与之不同的是,忆阻式存储器件利用功能层在被施加电压后产生的电导响应的不同实现存储,其低电导率和高电导率分别代表"0"和"1"两个状态。

依据电存储器件的易失性,可将其分为易失性存储器和非易失性存储器。所谓易失性存储器是指在没有外界电能供给的条件下不能保持两种可辨的状态,写入的数据在电源关闭后消失;非易失性存储器是指在没有外界电能供给的条件下能够保持两种可辨的状态,写入的数据在电源关闭后不会消失。

易失性存储器包括动态随机存取存储器(DRAM)和静态随机存取存储器(SRAM),非易失性存储器主要包括快闪存储器和只读型存储器(如WORM)。对 DRAM 而言,数据的每一字节都存储在独立的电容器中,为消除电容器漏电的影响,电容器的电流需要进行周期性刷新,因此 DRAM 一般用于计算机主存和手机等领域。相对 DRAM 而言,SRAM 稍微复杂一些,但SRAM 具有操作速度快、耐久性能强以及周期性刷新频率低等优点,因此SRAM 一般用于高速缓冲存储器等领域。非易失的快闪存储器是研究相对深入、技术较为成熟的存储器件,它在没有电流供应的条件下也能长久保持数据,这是非易失的快闪存储器得以成为各类便携型数字器件存储介质的基础。同样是非易失的 WORM 也能长期储存数据并反复读取,但这类存储器件中的数据一旦写入就不易修改,因此一般将其应用于储存档案样本、数据库及其他需要长期存储信息的领域。

2.2 忆阻器的制备工艺

多种材料体系均可作为忆阻器的存储介质,同种材料也可以通过不同的加工方法实现忆阻器的制备。以下分别对忆阻器功能层和电极的制备工艺进行阐述。

2.2.1 忆阻器功能层的制备工艺

已经被报道的忆阻器功能层的制备工艺有磁控溅射技术、等离子体增强的原子层沉积技术、脉冲激光沉积技术、反应性离子刻蚀技术、旋转涂膜技术、电子束刻蚀技术、电流体雾化技术、射频溅射技术、纳米压印光刻技术、等离子处理技术、原子层沉积技术、电子束蒸镀技术等。为了使制备的功能层均匀和致密,在加工的过程中往往会对样品进行热处理。某些材料体系需要经历一个初始过程才能观测到阻变特性。在本书的研究工作中所用到的功能层制备工艺主要为旋转涂膜技术。

2.2.2 忆阻器电极的制备工艺

忆阻器的制备需要先在基底形成一层电极层,添加介质层后,需要在其上方再形成一层电极层形成夹层结构。电极可利用电子束蒸镀、热蒸镀、电流体浆料印刷和直流溅射等方式进行制备。电极的制备工艺和功能层的制备工艺不能任意搭配,需结合所选材料、器件成品用途、加工工艺连续性和经济性等综合因素进行选择。本书的研究工作中所用到的电极制备工艺主要为热蒸镀。

除薄膜器件外,2009 年,Kim 等人首先报道了块体忆阻器,该课题组制备了尺寸均一的尖晶石结构的 MFe_2O_4(M = Mn、Fe、Co 或 Ni) 纳米颗粒,并将制得的纳米颗粒在模具中利用高压组合。结果表明,该体系在外加电场的作用下具有明显的阻变特性。2010 年,Johnson 等人制备了基于 Au 纳米线的忆阻器,当施加偏压时,电迁移导致纳米线的物理形状发生改变,从而引起 I-V 滞回曲线的变动。2012 年,Chueh 等人制备了基于 ZnO 薄膜和 ZnO 纳米棒的忆阻器,并将其设计成 1D1R 互补型结构,使其可应用于交叉阵列的集成电路中。

2.3 忆阻器载流子传输理论

根据材料的阻变特性可知,通过不同电阻态材料的 I-V 曲线可分析出不同电阻态材料的载流子传输模型,从而加强对忆阻器阻变机制的理解。

相对于无机材料而言,有机材料的导电机制更加复杂。因为大多数有机聚合物都是非晶态,所以能带理论不能完全解释其导电机制。因此,可以通过载流子被俘获所产生的局域态形成的分立能级来定义能级。折叠链、链末端、体内和表面的偶极子的状态(结晶态与无定型态)的界面以及材料中的杂质都会产生局域态。聚合物的导电性与样品的制备过程有关,所以同样的材料制备出的样品可能会具有不同的导电机制。有机聚合物的导电性主要从以下两个角度进行解释:本征载流子的产生以及高场载流子的注入。

除了掺杂的导电聚合物,有机聚合物中本征载流子的密度通常较低,室温下,载流子通常会被局域态所俘获。载流子的游离取决于陷阱的深度和游离能的大小,热效应与分子运动和分子环境有关。局域场有利于载流子的游离的发生,由于载流子的游离和随之发生的载流子的俘获,电荷传输所需的时间通常较长。

在忆阻器中,载流子从电极注入到有机聚合物的情况更为普遍。研究学者提出了许多导电模型来解释有机聚合物中载流子的传输过程,主要包括肖特基发射、热发射、空间电荷限制电流(SCLC)、隧穿电流、离子导电、跃迁导电、杂质导电。这些导电模型在下文中被用于解释有机聚合物忆阻器中载流子的产生、俘获和传输。它们的 J-V 特性和 J-T 特性如表 2-1 所示。

表 2-1　绝缘体中导电模型

导电机制	J-V 特性和 J-T 特性
欧姆导电	$J \propto V \exp\left(\dfrac{-\Delta E_{ae}}{kT}\right)$
跃迁导电	$J \propto V \exp\left(\dfrac{\varphi}{kT}\right)$
肖特基发射	$J \propto T^2 \exp\left[\dfrac{-q(\varphi - \sqrt{qV/4\pi\varepsilon})}{kT}\right]$
热发射	$J \propto T^2 \exp\left[\dfrac{-(\varphi - \sqrt{qV/4\pi\varepsilon})}{T}\right]$
Frenkel-Poole 发射	$J \propto V \exp\left[\dfrac{-q(\varphi - \sqrt{qV/4\pi\varepsilon})}{T}\right]$
隧穿或场发射	$J \propto V^2 \exp\left[\dfrac{-4\sqrt{2m}(q\varphi)^{\frac{3}{2}}}{3qhV}\right]$
直接隧穿	$J \propto \dfrac{V}{d} \exp\left(\dfrac{-2d\sqrt{2m\varphi}}{h}\right)$
Fowler-Nordheim 隧穿	$J \propto V^2 \exp\left[\dfrac{-4d\sqrt{2m}(q\varphi)^{\frac{3}{2}}}{3qhV}\right]$

续表

导电机制	J-V 特性和 J-T 特性
离子导电	$J \propto \dfrac{V}{T} \exp\left(\dfrac{-\Delta E_{ai}}{kT} \right)$
SCLC	$J \propto \dfrac{9\varepsilon_i \mu V^2}{8d^3}$

注：φ 为势垒高度，V 为电场，T 为温度，ε 为绝缘体介电常数，m 为有效质量，ΔE_{ae} 为电子激活能，ΔE_{ai} 为离子激活能，d 为绝缘体厚度，q 为电荷，μ 为载流子迁移率，h 为约化普朗克常数，k 为玻尔兹曼常数，ε_i 为介电常数。

    有机聚合物材料是短程有序的，两能级相近的原子轨道组成分子轨道时，会产生一个能级低于原子轨道的成键轨道。多个成键轨道或反键轨道交叠简并后会形成能带。能带中，成键轨道中最高的占据轨道称为 HOMO，反键轨道中最低的空轨道称为 LUMO，它们分别类似于晶态固体的价带（VB）和导带（CB），HOMO 相当于价带顶，LUMO 相当于导带底。

    图 2-3 是单层聚合物忆阻器在电场作用下的能带图。在外加电压的驱动下，电子从 Al 电极注入到聚合物的表层，即电子向聚合物的 LUMO 注入的过程，而空穴从 ITO 电极注入到聚合物另一面的表层，即空穴向聚合物的 HOMO 迁移的过程。在聚合物构成的忆阻器中，正负两电极的功函数不匹配，存在能级差，导致聚合物层和电极之间形成界面势垒，电子和空穴需要克服界面势垒才能注入聚合物的表层。

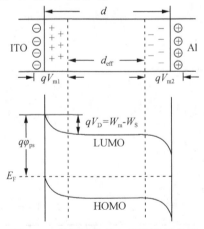

图 2-3　单层聚合物忆阻器的能带图

势垒高度:

$$q\varphi_{ns} = W_m - W_s + E_n = W_m - \chi$$
$$E_n = E_c - E_F$$
$$\chi = E_0 - E_c$$

式中 φ_{ns} 为 n 型半导体的表面势, φ_{ps} 为 p 型半导体的表面势, W_m 为金属的功函数, W_s 为半导体的功函数, χ 为电子亲和势, E_0 为真空能级, E_c 为导带底能量, E_F 为费米能级。

关于载流子注入聚合物层的机理,目前有三种理论,即热离子发射理论(载流子的注入取决于界面层电荷的积累)、隧穿注入理论(载流子注入的效率取决于界面势垒的高低)以及载流子跃迁理论(载流子的注入取决于禁带宽度)。

(1)热离子发射理论

在热离子发射注入情况下,注入电流的表达式为:

$$J = A^* T^2 \exp\left[\frac{\left(-\varphi_B - q\sqrt{\frac{qV_{eff}}{4\pi\varepsilon_0\varepsilon_r d}}\right)}{kT}\right] \tag{2-1}$$

式中 A^* 为里德伯常数, φ_B 为金属/有机层接触的势垒高度(一般 $\varphi_B < 1$ eV), k 为玻尔兹曼常数, T 为温度, d 为有机层厚度, q 为自由电荷(单位电荷), ε_0 为真空介电常数, ε_r 为有机层的相对介电常数。

对式(2-1)两边取对数,我们可得到 $\ln J$ 与 $V_{eff}^{\frac{1}{2}}$ 呈线性关系。

(2)隧穿注入理论

当电场足够强时,忆阻器在电极/有机层界面形成三角势垒,电子可以穿过该势垒形成注入电流,这时注入电流遵从 Fowler-Nordheim 公式:

$$J = \frac{q^3 E^2 m_0}{8\pi h \varphi_B m}\exp\left[\frac{-8\pi(2m^*)^{\frac{1}{2}}\varphi_B^{\frac{1}{2}}}{3hqE}\right] \tag{2-2}$$

式中 m 为载流子的质量, m^* 为势垒层内载流子的有效质量, m_0 为自由电子质量, E 为外加电场强度, h 为普朗克常数。

$\ln J/E^2$ 与 $\frac{1}{E}$ 偏离线性关系,可能是热离子发射的作用。

(3) 载流子跃迁理论

对于有机材料而言,一旦电荷注入有机膜,则主导传输机制的就是分子间的跃迁,载流子在电场中的传输过程可以表示为:

$$J = Aq\mu n_0 E/d \qquad (2-3)$$

式中 A 为器件面积, μ 为载流子迁移率, n_0 为自由载流子密度, E 为外加电场强度, d 为薄膜厚度。

对于有机小分子材料,载流子迁移率是与电场强度相关的,遵循 Poole-Frenkel 模型:

$$\mu(E) = \mu_0 \exp(\alpha E^{\frac{1}{2}}) \qquad (2-4)$$

式中 μ_0 为载流子迁移率, α 为与材料无序度有关的参数。

还要考虑陷阱对载流子的作用,假设陷阱在禁带中呈连续指数能量分布,即:

$$N_t(E) = (N_t/kT) \exp[(E - E_{LUMO})/kT] \qquad (2-5)$$

式中 N_t 为总陷阱密度, E_{LUMO} 为有机聚合物材料的 LUMO 能级, k 为玻尔兹曼常数, $T_t = E_t/k$ 为特征温度, E_t 为特征陷阱能量,此时陷阱电荷限制可表示为:

$$J = q^{1-m}\mu N_0 \left(\frac{2m+1}{m+1}\right)^{m+1} \left(\frac{m}{m+1} \cdot \frac{\varepsilon}{H_t}\right)^m \frac{V^{m+1}}{d_{eff}^{2m+1}} \qquad (2-6)$$

式中 ε 为材料介电常数, μ 为载流子迁移率, N_0 为带边有效状态密度, d_{eff} 为材料有效厚度, H_t 为陷阱深度, m 为与陷阱分布有关的常数。

$I\text{-}V$ 特性曲线的变化是由陷阱限制的电流决定的。

2.4 忆阻器的阻变机制

不同类型的阻变特性代表材料和器件中蕴含着不同的阻变机制。如图 2-4 所示,目前已报道材料体系的阻变机制主要有电化学反应、热效应和电子效应。其中电化学反应是指带电阴、阳离子在电场作用下的迁移和相应的氧化还原反应;热效应是指样品相变或样品内部导电细丝的生成与熔断;电子效应包括电荷的注射与捕获以及与形态转变和结构异构化相关的电传输。下文将分别对每种阻变机制进行简要说明。

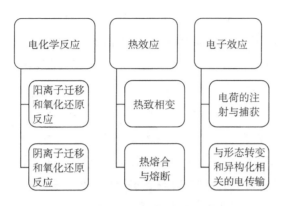

图 2-4　忆阻器阻变机制分类

2.4.1　电化学反应

　　一种典型的电化学反应阻变机制是氧空位的迁移。依据氧空位浓度的不同,可将样品分为富氧空位的低阻掺杂区和缺氧空位的高阻未掺杂区,样品对外呈现的总电阻为两区域的电阻之和。如图 2-5 所示,正向电压下,带正电的氧空位在正极不断生成并向负极迁移,使掺杂区的比例增加,未掺杂区的比例减小,因而样品的总电阻减小。同理,负向电压下样品的总电阻增大。另外,在某些非均质体系中,迁移的氧空位可形成导电通道,进而使样品进入低阻态。多数二元氧化物和钙钛矿型复合氧化物的阻变机制都属于氧空位迁移机制。

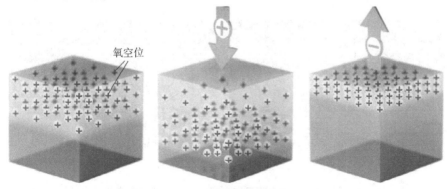

图 2-5　氧空位在电场作用下的迁移示意图

另一种电化学反应阻变机制是金属阳离子的氧化还原反应。如图 2-6 所示,金属原子在正极失去电子,被氧化为离子,在电场的作用下移动到负极获得电子,被还原为原子。被还原的金属原子逐渐积累形成导电通道,使样品进入低阻态。当外加电场方向反转时金属原子再次发生氧化反应,导电通道中断,样品随之进入高阻态。此过程会形成导电丝状结构,使底电极和顶电极导通。导通后的电流显示出欧姆特性,且随温度的降低而增大。由于导电丝状结构的直径与器件相比要小,故产生的电流大小与器件面积并没有直接关联。常见的包含银电极的中间夹电介质的三明治结构忆阻器的阻变机制就属于这类机制,大多数固态电解质和部分氧化物以及某些复合材料的阻变机制都属于金属离子氧化还原机制。Guo 等人结合扫描电子显微镜在透明水介质中观察到了金属银枝的形成和消失过程,直接验证了上述机理的真实性。处于两惰性电极间电解质中的阳离子也可能参与氧化还原反应,构建导电细丝通道,如 Gd_2O_3、$LiNbO_2$ 和 Li_xCoO_2 等。另外,存储介质中某些高价阳离子在电场作用下会被还原至电阻差异较大的中间价态,在反向电场下这些离子会在不同价态间互相转化,从而完成高低阻态间的转换。符合金属阳离子迁移机制的材料体系包括 Nb_2O_5、TiO_2 等。Berzina 等人利用聚苯胺在氧化还原反应中具有不同电阻的性质制备了有机忆阻器。聚苯胺等有机聚合物通过阳离子氧化还原反应可以在不同阻态间相互转换,从而对外表现出阻变特性。

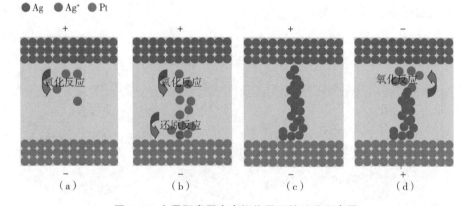

图 2-6　金属阳离子在电场作用下的迁移示意图

(a)氧化反应;(b)还原产物在负极沉积;(c)导电通道形成;(d)导电通道切断

2.4.2　热效应

热致相变是常见的与热效应相关的阻变机制。当电流通过时材料会产生焦耳热,若产生的热量不能及时散发,热量就会不断累积,使温度升高。而某些材料在特定的温度下会发生金属-绝缘体相变,在不同的温度下具有不同的相结构,而不同的相结构则具有不同的电阻,整体上样品对外呈现随外加电场转变的电阻。样品的结构在发生相变后的一定时间内能够保持,对外就呈现阻变特性。具有此类阻变机制的材料体系主要是过渡金属氧化物,如 VO_2、Fe_3O_4 等。

热致化学转换是另一类与热效应相关的阻变机制。在某些氧化物中会出现细丝状热击穿,从而在两电极间形成导电通道。由于在 SET 过程中设置了限制电流,这些形成的导电通道中的电流就非常微弱。在 RESET 过程中,这些导电细丝会在电流作用下因温度过高而发生断裂分离,样品由低阻态转变为高阻态。NiO 材料具有此类阻变机制。

2.4.3　电子效应

在某些材料中,电场可通过调制其结构和形态使其发生异构化,结构变化前后的样品具有不同的电阻,故能展现阻变特性。电场调制的铁电畴方向转换引起的电阻改变是一种典型的基于电子效应的阻变机制,这种机制主要存在于铁电材料和铁磁材料中。另一类与电子效应相关的阻变机制涉及电解质与电极界面间或电解质内部电荷的注射与捕获。在有机半导体介质中分散的金属纳米颗粒被认为在高电压下具有对电子的捕获能力,使材料呈低阻态;在低电压下这些被捕获的电子能削弱介质获得外界电子的能力,使材料呈高阻态,这种阻变机制在聚合物复合材料中较为多见。

不同的电压对电子具有不同的存储与捕获能力,故存在金属纳米颗粒的有机介质在高、低电压下分别呈现出不同的阻态。Bozano 给出了符合上述机理的多种不同器件的结构,如图 2-7 所示。Muller 等通过电子渗流模型来描述有机物-金属纳米颗粒混合介质的阻变特性。Agapito 认为有机聚合物三明治结构忆阻器中的阻变特性源于金属和分子的界面,通过分子在界面上排列出不同的几何形状来调节器件的导电性。Scott 概括了六种基于有机物制备的忆阻器类型：

(1) 均匀有机物-金属/绝缘体/金属(MIM)结构；

(2) 小分子 MIM 结构；

(3) 施主-受主混合物；

(4) 具有可移动离子和氧化还原组分的体系；

(5) 分散在有机物体内的纳米颗粒体系；

(6) 分子陷阱掺杂有机基体。

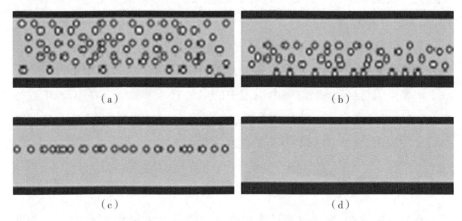

图 2-7 四种不同结构的有机物-金属纳米颗粒混合介质结构图

(a) 均匀分散结构；(b) 单侧分散结构；(c) 单层分散结构；(d) 无金属颗粒结构

在某些半导体和铁磁体组成的隧道结中，某一方向的自旋电子不能自由通过，会在界面处累积并阻碍外电路中自由电子的继续注入，进而改变其阻态，呈现出阻变特性。

2.5 本章小结

本章综述了忆阻器的结构与特征及忆阻器的制备工艺，包括忆阻器功能层的制备工艺和忆阻器电极的制备工艺，并对忆阻器的阻变机制进行了阐述。

第3章　聚乙烯咔唑基功能层的阻变特性

有机存储器件具有简单的结构和易于小型化的优点,激发了人们对其研究的热潮。在有机电子器件应用的共轭分子中,施主–受主型结构是相当普遍的结构。然而,此种结构的合成过程通常存在步骤烦琐及耗时长等缺点。因此,简单地将施主–受主型结构中的施主成分和受主成分共混在一起作为有机存储器件的活性材料通常被认为是一种捷径。因此,在有机存储器件的应用中人们对施主–受主型共混复合材料进行了研究。

3.1　聚乙烯咔唑噁二唑复合薄膜忆阻器的制备 与薄膜的表征

在基于施主–受主型共混复合材料制备的存储器件中,已被报道的受主材料包括金纳米粒子、银纳米粒子、石墨烯、碳纳米管、二萘嵌苯酰亚胺衍生物和富勒烯衍生物,已被报道的施主材料包括聚乙烯吡咯烷酮、8-羟基喹啉、聚乙烯咔唑、聚 4-乙烯基苯酚、PEDOT:PSS、三苯胺。已被报道的共混复合材料的存储器类型包括 WORM、快闪存储器、负阻型存储器、单极型存储器和 DRAM。研究者们提出了大量的阻变机制来解释存储器件的电阻转换行为,比如电荷转移效应、电荷的俘获与游离、势垒效应以及导电细丝等。

众所周知,聚乙烯咔唑是电子给体,空穴为其多数载流子。噁二唑以良好的溶液加工能力、较高的电子迁移率和优秀的改组能力著称,同时在复合材料中施主与受主间的相互作用可能会改进器件的性能并维持器件的稳定。综上所述,在本书中我们将聚乙烯咔唑(PVK)和 2-(4-叔丁基苯基)-5-(4-联苯基)-1,3,4-噁二唑(PBD)进行了混合,然后将其制备成 ITO/PBD:PVK/Al 三明治结构的忆阻器。利用旋转涂膜的方法,将聚乙烯咔唑和噁二唑的共混物制备成均匀一致、表面平滑的薄膜,这样可以有效避免由分子间强大的相互作用引起的相分离。ITO/PBD:PVK/Al 结构的忆阻器展现了电双稳态特性。而且,由于聚乙烯咔唑施主与噁二唑受主间存在强大的相互作用,该器件表现出了优异的性能,包括较低的写、擦电压(分别为 > −1 V,< 3.5 V),可调的开关比(在 $10^2 \sim 10^4$ 之间),较长的保持时间(大于 4 h)以及良好的耐久性能。

3.1.1 忆阻器的制备

噁二唑($M_w = 354.44$)和聚乙烯咔唑($M_w \approx 1100000$)的化学结构如图 3-1 所示。忆阻器的结构示意图如图 3-2 所示。

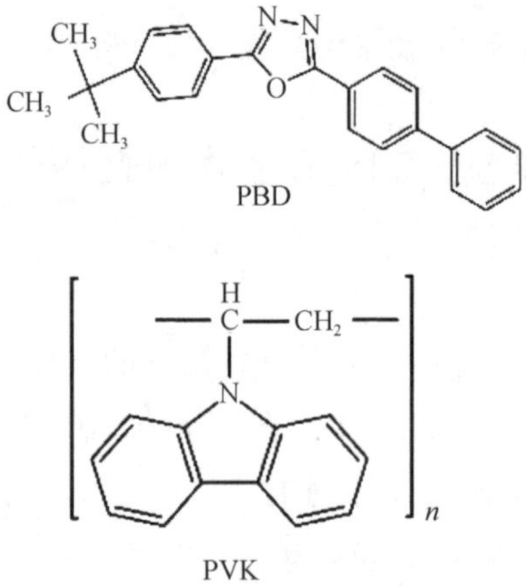

PBD

PVK

图 3-1 噁二唑和聚乙烯咔唑的化学结构

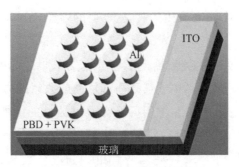

图 3-2 忆阻器的结构示意图

基于噁二唑与聚乙烯咔唑共混物制备的忆阻器在 ITO 玻璃基底上制备(方块电阻 $R_□ = 15\ \Omega$)。在制备之前,ITO 玻璃基底依次在去离子水、丙酮、异丙醇和甲醇中超声清洗 30 min。按照如下步骤制备噁二唑与聚乙烯咔唑共混物:噁二唑与不同质量的聚乙烯咔唑进行混合,将混合后的材料溶解在 5 mg/mL 的氯苯中,然后用磁力搅拌器对其搅拌 24 h。搅拌后用 0.22 μm 孔径的聚四氟乙烯薄膜注射式过滤器对共混溶液进行过滤。最后,将过滤后的溶液旋涂在 ITO 玻璃基底上,以 900 r/min 的转速旋涂 18 s,然后以 3000 r/min 的转速旋涂 60 s。将旋涂后的薄膜放在压强为 1000 Pa,温度为 60 ℃ 的真空烘干箱中烘干 8 h。这些参数的设置是为了形成均匀一致、表面平滑的薄膜。薄膜的厚度为 120 ± 20 nm,且薄膜的厚度不随噁二唑含量的变化而变化。最后,在 $1.0×10^{-4}$ Pa 的压强下利用掩膜法将厚度约为 200 nm 的顶部铝电极沉积在有机薄膜上,顶部电极的直径为 0.2 mm。在空气中未进行任何封装,将探针台连接到 Keithley 4200 型半导体参数分析仪上对薄膜进行电流-电压特性的测量,应用两个探针对忆阻器的电学特性进行测量。在测量过程中,底部电极(ITO)接地,在顶部电极(Al)上施加电压,为避免忆阻器被击穿,将限制电流设置为 100 mA。

3.1.2　聚乙烯咔唑噁二唑复合薄膜的表征

首先,考察了该复合薄膜的电学特性,在噁二唑与聚乙烯咔唑共混比例为 0.97∶1 的共混物中观察到了稳定的阻变特性和较大的开关电流比。图 3-3 为沉积铝电极之前共混物薄膜的横截面扫描电镜图。从上到下依次为:玻璃、ITO 薄膜以及聚乙烯咔唑噁二唑复合薄膜,从图中可以判断出复合薄膜的厚度为 121 nm。

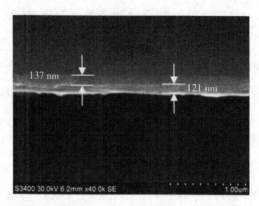

图 3-3　噁二唑与聚乙烯咔唑共混物薄膜的横截面扫描电镜图

3.2　聚乙烯咔唑噁二唑复合薄膜忆阻器特性分析

图 3-4 为直流电压扫描波形,施加在器件上的电压为:从 0 V 扫描到 -4 V,从 0 V 扫描到-4 V,从 0 V 扫描到 6 V,从 0 V 扫描到 6 V。电压的扫描步长为 0.05 V,邻近电压扫描的平均时间间隔为 17 s。

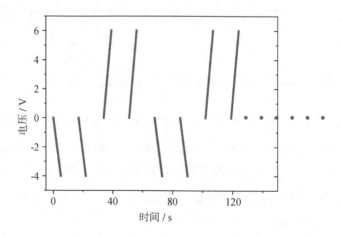

图 3-4　直流电压扫描波形图

图 3-5 为一个电压循环下 ITO/PBD:PVK/Al 忆阻器的 I-V 曲线。在从 0 V 扫描到-4 V 的第一个电压扫描期间,电流在电压为-0.45 V 时突然从

10^{-5} A 增加到 10^{-2} A，忆阻器从高阻态转换到低阻态，这个过程称为 SET 过程，在电阻式随机存储器中 SET 过程相当于写的过程。我们定义 V_{SET} 为 SET 过程的阈值电压。在从 0 V 扫描到 -4 V 的第二个电压扫描期间，忆阻器保持在低阻态(开态)。在从 0 V 扫描到 6 V 的第三个电压扫描期间，电流在电压为 2.45 V 时突然减小，忆阻器从低阻态转换到高阻态，这个过程称为 RESET 过程，在电阻式随机存储器中 RESET 过程相当于擦的过程。我们定义 V_{RESET} 为 RESET 过程的阈值电压。在从 0 V 扫描到 6 V 的第四个电压扫描期间，忆阻器保持在高阻态(关态)。实验表明 ITO/PBD：PVK/Al 忆阻器具有电双稳态特性，并展现了可再写的快闪存储特性。

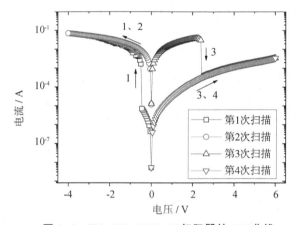

图 3-5　ITO/PBD：PVK/Al 忆阻器的 I-V 曲线

在电压为 0.5 V 时忆阻器的开关电流比大于 10^3。图 3-6 为 ITO/PBD：PVK/Al 忆阻器的开关电流比与外加电压间的关系，当外加电压在 $-0.45 \sim 2.45$ V 的范围内变化时，忆阻器的开关电流比在 $10^2 \sim 10^4$ 之间。

我们还对 ITO/PBD：PVK/Al 忆阻器的可靠性与稳定性进行了评估。图 3-7 为 ITO/PBD：PVK/Al 忆阻器的高阻态和低阻态在 0.5 V 常压下的保持特性。在至少 4 h 的测试期间，忆阻器的开关电流比可保持在 10^3，而且不存在明显的电流衰减。图 3-8 为 ITO/PBD：PVK/Al 忆阻器的高阻态和低阻态在 0.5 V 常压下的耐久特性，脉冲的周期和宽度分别为 2 ms 和 1 ms。ITO/PBD：PVK/Al 忆阻器在 0.5 V 的常压脉冲条件下可在 240 个连续的读循环期间保持稳定。

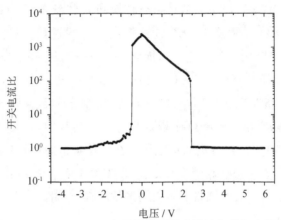

图 3-6　ITO/PBD:PVK/Al 忆阻器的开关电流比与外加电压的关系

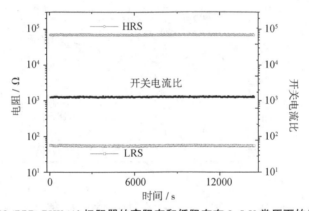

图 3-7　ITO/PBD:PVK/Al 忆阻器的高阻态和低阻态在 0.5 V 常压下的保持特性

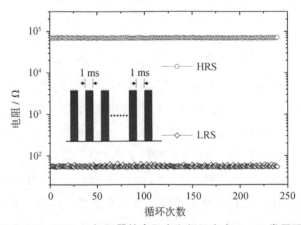

图 3-8　ITO/PBD:PVK/Al 忆阻器的高阻态和低阻态在 0.5 V 常压下的耐久特性

图 3-9 为 ITO/PBD:PVK/Al 忆阻器的读写擦循环测试,图中线为电压,点为电流。设置写电压为-2 V,读电压为-0.2 V,擦电压为 4 V,再读电压为2 V。ITO/PBD:PVK/Al 忆阻器在反复多次的读写擦循环测试中表现出了良好的分辨性能,展现了较好的稳定性。在所有的测试中,ITO/PBD:PVK/Al 忆阻器的低阻态都能明显地从高阻态中区分出来,该忆阻器可控的阻变特性说明导电路径在外加电压下反复地形成。

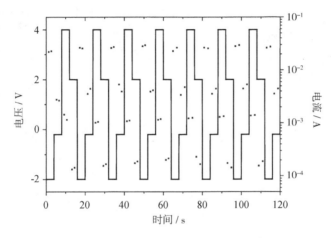

图 3-9　ITO/PBD:PVK/Al 忆阻器的读写擦循环测试

3.2.1　稳定性与可重复性分析

图 3-10 为未在聚乙烯咔唑中掺杂噁二唑的 ITO/PVK/Al 忆阻器在直流电压扫描模式下的阻变特性保持性能,在连续 12 次的电压扫描后ITO/PVK/Al 忆阻器转换至高阻态,忆阻器失去了写入数据的能力,退化为绝缘态,而且从图中也可以看出阈值电压的分布较为分散。

图 3-11 为 ITO/PBD:PVK/Al 忆阻器在直流电压扫描模式下的阻变特性保持性能,在连续 116 次的电压扫描后 ITO/PBD:PVK/Al 忆阻器仍能在低阻态与高阻态间良好地转换。图 3-12 为 ITO/PBD:PVK/Al 忆阻器循环测试期间 V_{SET} 和 V_{RESET} 的统计值。所有的 SET 过程均发生在-0.85 V 到-0.45 V 范围内,所有的 RESET 过程均发生在 2.40 V 到 3.45 V 范围内。该忆阻器的 V_{SET} 和 V_{RESET} 值相对于其他基于有机物制备的忆阻器来说是比较

低的,因此该忆阻器可应用于低功耗的存储器件中。ITO/PBD:PVK/Al 忆阻器的 V_{SET} 和 V_{RESET} 值分布较为集中,非常有利于提升忆阻器的稳定性和可重复性。实验结果表明,在聚乙烯咔唑中掺杂噁二唑后,忆阻器的擦写循环次数明显增加,阈值电压分布更为集中。

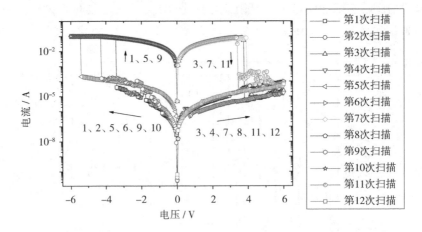

图 3-10　直流电压扫描模式下 ITO/PVK/Al 忆阻器的阻变特性保持性能

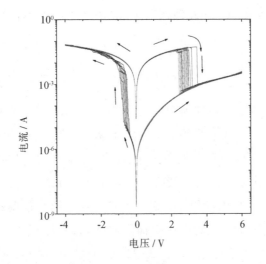

图 3-11　直流电压扫描模式下 ITO/PBD:PVK/Al 忆阻器的阻变特性保持性能①

———————————

① 本图于此处仅做示意,如需要详细数据可向笔者索取

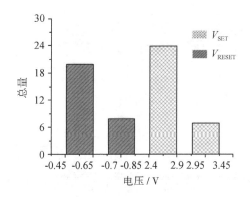

图 3-12　ITO/PBD:PVK/Al 忆阻器循环测试期间 V_{SET} 和 V_{RESET} 的统计值

3.2.2　复合薄膜厚度对阻变特性的影响

依据之前的报道,复合薄膜厚度在维持忆阻器的电双稳态特性时起着至关重要的作用。因此,我们还研究了复合薄膜厚度对忆阻器阻变特性的影响,我们对复合薄膜厚度分别为 95 nm 和 53 nm 的 ITO/PBD:PVK/Al 三明治结构的忆阻器的特性进行了研究。图 3-13 为厚度为 95 nm 的复合薄膜的横截面扫描电镜图。图 3-14 为复合薄膜厚度为 95 nm 的忆阻器的 I-V 曲线。复合薄膜厚度为 95 nm 的 ITO/PBD:PVK/Al 三明治结构的忆阻器也展现了快闪存储特性,但关态电流相比复合薄膜厚度为 121 nm 的 ITO/PBD:PVK/Al 三明治结构的忆阻器发生了明显的增加,导致其开关电流比减小。

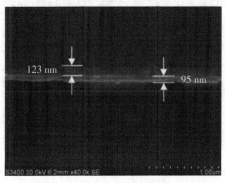

图 3-13　厚度为 95 nm 的复合薄膜的横截面扫描电镜图

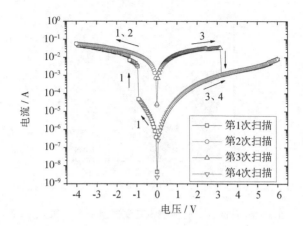

图 3-14　复合薄膜厚度为 95 nm 的忆阻器的 I-V 曲线

　　图 3-15 厚度为 53 nm 的复合薄膜的横截面扫描电镜图。图 3-16 为复合薄膜厚度为 53 nm 的忆阻器的 I-V 曲线。复合薄膜厚度为 53 nm 的 ITO/PBD：PVK/Al 三明治结构的忆阻器也展现了快闪存储特性，但关态电流相比复合薄膜厚度为 95 nm 的 ITO/PBD：PVK/Al 三明治结构的忆阻器又发生了明显的增加，导致其开关电流比进一步减小。较小的开关电流比意味着忆阻器在读写操作过程中拥有较高的误读率，不利于实际的数据存储应用。

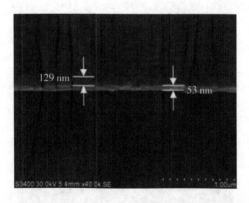

图 3-15　厚度为 53 nm 的复合薄膜的横截面扫描电镜图

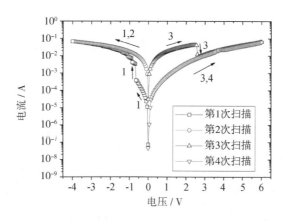

图 3-16　复合薄膜厚度为 53 nm 的忆阻器的 I-V 曲线

3.2.3　阻变机制与导电模型分析

为了研究 ITO/PBD:PVK/Al 忆阻器的阻变机制,我们进一步在双对数坐标系中绘制了该忆阻器的 I-V 曲线。在双对数坐标系中,拟合斜率包含着阻变机制的信息。图 3-17(a) 为 ITO/PBD:PVK/Al 忆阻器在低阻态的 I-V 曲线拟合,拟合斜率为 1,说明该忆阻器在低阻态时遵循欧姆定律。图 3-17(b)(c)(d) 为 ITO/PBD:PVK/Al 忆阻器在高阻态的 I-V 曲线拟合,初始态的电流较弱,电流随着电压的增加而增加,在 I-V 曲线中电流整体上可分为三部分。空间电荷限制电流机制可以用来解释高阻态的阻变机制。在低电压区域,不同厚度的复合薄膜分别具有 1.15、1.19 和 1.18 的拟合斜率,这些拟合斜率都非常接近于 1,说明忆阻器仍遵循欧姆定律。在中电压和高电压区域,曲线变得越来越陡,三条曲线的拟合斜率都大于 2,依据空间电荷限制电流的理论,在这两个区域内,由两个电极注入的电荷填充了陷阱,降低了空陷阱的浓度,导致载流子迁移率的增加,因此,在这两个区域电流按指数规律增加。从空间电荷限制电流机制的角度来说,曲线在低电压区域遵循欧姆定律,在高电压区域遵循 Child's 定律。在我们的实验中,忆阻器在低阻态因空间电荷限制电流机制($I \propto V^m$, $m \geq 2$)而遵循着欧姆定律,m 与陷阱的密度和能量分布相关,说明机制从电荷未填充满的空间电荷限制电流向电荷填充满的空间电荷限制电流转变。

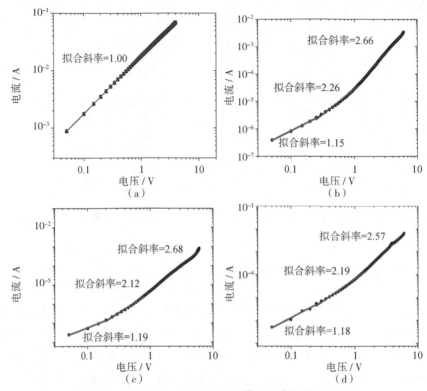

图 3-17 ITO/PBD:PVK/Al 忆阻器 I-V 曲线的线性拟合

(a)复合薄膜厚度为 121、95 和 53 nm 的忆阻器的低阻态；

(b)复合薄膜厚度为 121 nm 的忆阻器的高阻态；

(c)复合薄膜厚度为 95 nm 的忆阻器的高阻态；

(d)复合薄膜厚度为 53 nm 的忆阻器的高阻态

依据空间电荷限制电流的理论,电流与复合薄膜厚度(d)间的关系应该为 $I \propto d^{-n}$($n \geqslant 3$,n 与陷阱的分布有关)。为了避免偶然误差,我们在双对数坐标系中重新绘制了电流与复合薄膜厚度间的关系曲线。在这个坐标系中,拟合斜率是复合薄膜厚度的指数。如图 3-18 所示,曲线的拟合斜率为 -3.57,这也说明导电过程遵循空间电荷限制电流机制,与上述分析一致。

为了更好地阐述忆阻器的存储行为,我们对多种混合比例的复合薄膜的紫外-可见吸收光谱进行了表征。图 3-19 为混入不同浓度噁二唑的噁二唑与聚乙烯咔唑共混物薄膜的吸收光谱,吸收带的强度随着噁二唑含量的增加而增加。通过比较吸收光谱,我们发现噁二唑浓度为 49% 和 30% 的复合薄膜在 300 nm 附近出现了一个弱的吸收带,这可能是因为在噁二唑与聚乙烯咔唑基团间出现了分子电荷转移复合物。在相同的位置,噁二唑浓度为 12% 的复合薄膜并不存在吸收峰,可能是在该浓度下电荷转移效应太弱,无法观察到其存储特性。

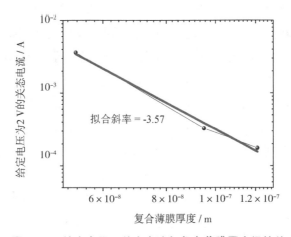

图 3-18　给定电压下关态电流与复合薄膜厚度间的关系

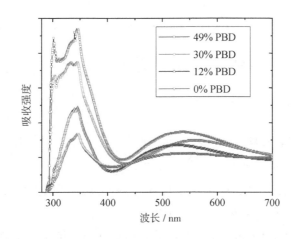

图 3-19　混入不同浓度噁二唑的噁二唑与聚乙烯咔唑共混物薄膜的吸收光谱

ITO/PBD:PVK/Al 忆阻器具有电双稳态和存储效应是因为在聚乙烯咔唑中混入了噁二唑。由于聚乙烯咔唑具有强大的提供电子的能力,因此它作为电子给体,而噁二唑作为电子受体,阻变机制可以解释为聚乙烯咔唑给体与噁二唑受体间的感生电场形成的电荷转移作用。在初始阶段,载流子没有足够的能量克服噁二唑与聚乙烯咔唑分子间的电荷注入势垒,因此,初始阶段忆阻器处于高阻态。当外部电场作用在 ITO/PBD:PVK/Al 忆阻器上时,聚乙烯咔唑与噁二唑之间将会出现感生电场形成的电荷转移复合物,复合物形成后的聚乙烯咔唑带正电,而噁二唑带负电。同时,由两电极注入的电荷将会在功能层形成内建电场,形成的内建电场将屏蔽施加的外部电场,阻碍电荷进一步注入功能层中,忆阻器呈现高阻态,该高阻态遵循空间电荷限制电流机制。当外加电压达到 V_{SET} 时,处于聚乙烯咔唑导带顶的电子将会获得足够的能量克服聚乙烯咔唑与噁二唑间的势垒,跃迁到噁二唑的价带底,进而使被氧化的聚乙烯咔唑和被还原的噁二唑中载流子数目增加。载流子密度的增大和迁移率的升高显著提高了复合薄膜的电导率,并将忆阻器从高阻态转换到低阻态。被还原的噁二唑中电子的游离以及被氧化的聚乙烯咔唑中空穴的游离都可以稳定聚乙烯咔唑与噁二唑共混物薄膜的电荷转移状态,从而实现忆阻器的非易失性。然而,在施加反向电场后,噁二唑中的电子被抽离,聚乙烯咔唑被还原,忆阻器从低阻态转换到初始的高阻态。因此,开关过程中阈值电压的不同可能是 ITO/PVK:PBD 和 Al/PVK:PBD 异质结势垒的不同导致的。

3.3 聚乙烯咔唑 C_{70} 复合薄膜忆阻器的制备与薄膜的表征

富勒烯作为一种电子迁移率高的受体,被广泛应用于有机太阳能电池和有机场效应晶体管中。在富勒烯家族中,[6,6]-苯基-C_{61}-丁酸甲酯(PCBM)因具有优异的环境稳定性而受到越来越多的关注。聚乙烯咔唑(PVK)是一种 p 型半导体,由空穴控制 PVK 的传导,PVK 在有机光电器件制造中通常作为给体传输介质。尽管有很多文献报道了关于 PCBM 与有机聚合物复合材料构成的电双稳态器件的阻变特性,但关于 PCBM 与 PVK 复合材料构成的器件的阻变特性与电双稳态特性尚未见报道。

我们以 PCBM 为电子受体,PVK 为电子给体制备复合薄膜。关态和开态之间的电荷传输被认为是影响阻变特性的关键因素。将 PVK 和 PCBM 的混合物记作 PCBM+PVK。选取它们有两个原因:PVK 和 PCBM 在作为有机存储器件中的功能层时被广泛研究;n 型电子受体(PCBM)和 p 型电子给体(PVK)的共同存在有利于阻变特性中的电荷转移。

3.3.1　聚乙烯咔唑 C_{70} 复合薄膜忆阻器的制备

图 3-20 为聚乙烯咔唑与富勒烯衍生物 C_{70} 的分子结构图。其中聚乙烯咔唑为典型的 p 型有机聚合物,而富勒烯衍生物 C_{70} 为典型的 n 型有机化合物。将聚乙烯咔唑给体与富勒烯衍生物 C_{70} 受体进行掺杂,具体步骤如下:将聚乙烯咔唑溶于氯苯中,浓度为 10 mg/mL,富勒烯衍生物 C_{70} 也溶于氯苯中,浓度为 5 mg/mL,将富勒烯衍生物 C_{70} 在共混物中的含量设定为 9%、23% 和 41%,然后将共混物磁力搅拌 24 小时以上形成复合溶液。之后将溶液旋涂到 ITO 玻璃基底上,再将其放入 50 ℃ 的真空烘干箱中烘干残余的液体。

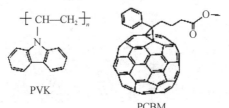

图 3-20　聚乙烯咔唑与富勒烯衍生物 C_{70} 的分子结构图

在有机活性层上利用掩膜法蒸镀顶部铝电极,制备形成三明治结构的忆阻器,其结构示意图如图 3-21 所示。

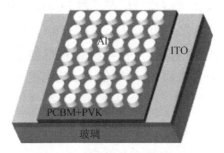

图 3-21　忆阻器的结构示意图

3.3.2　聚乙烯咔唑 C_{70} 复合薄膜表征

图 3-22 为三种不同 PCBM 含量的聚乙烯咔唑与富勒烯衍生物 C_{70} 复合薄膜的横截面扫描电镜图,从图中可以看出复合薄膜厚度为 90~100 nm。

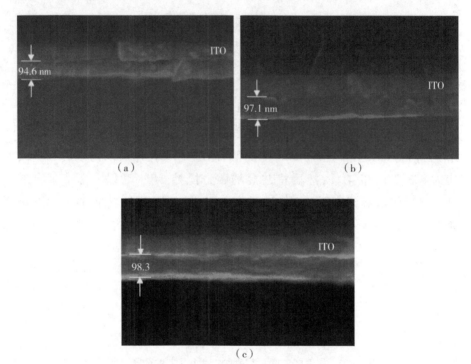

图 3-22　三种不同 PCBM 含量的聚乙烯咔唑与富勒烯衍生物 C_{70} 复合薄膜的扫描电镜图
(a)含有 9% 的 PCBM;(b)含有 23% 的 PCBM;(c)含有 41% 的 PCBM

利用透射电子显微镜(TEM)研究了由 PCBM 和 PVK 组成的复合材料的微观形貌。图 3-23 为 PCBM 含量分别为 9%、23% 和 41% 的复合材料的 TEM 图。随着 PCBM 含量的增加,复合材料的分布越来越密集,相邻 PCBM 结构域之间的间隔减小,这不仅会影响材料的存储行为,还会对载流子的输运过程产生影响。

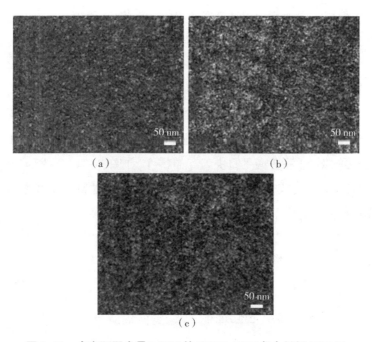

图 3-23　含有不同含量 PCBM 的 PCBM+PVK 复合材料 TEM 图
（a）含有 9% 的 PCBM；（b）含有 23% 的 PCBM；（c）含有 41% 的 PCBM

3.4　聚乙烯咔唑 C_{70} 复合薄膜忆阻器特性分析

3.4.1　忆阻器的阻变特性

利用 Keithley 4200 型半导体参数测试仪与镍质探针相连对忆阻器的阻变特性进行了测试。如图 3-24（a）所示，当在忆阻器的上下电极间进行直流电压扫描时，含有不同含量 PCBM 的 ITO/PCBM+PVK/Al 忆阻器都展现了写一次、读多次的 WORM 特性，即只读型存储特性。

如图 3-24（b）所示，含有不同含量 PCBM 的 ITO/PCBM+PVK/Al 忆阻器在第一次反向电压扫描时都出现了电流突然增大的现象，含有不同含量 PCBM 的 ITO/PCBM+PVK/Al 忆阻器都受到了明显的影响。随着 PCBM 含量的增大，忆阻器的关态电流呈现增大的趋势，导致忆阻器的开关电流比随着 PCBM 含量的增大而呈现减小的趋势。在数据存储电路中,开关电流比的大小直接影响着数据误读率的大小,而且随着 PCBM 含量的增大,忆阻器的阈值电压呈现降低的趋势,这有利于降低器件工作时的功耗。因此可以通过调整聚乙烯咔唑与富勒烯衍生物 C_{70} 共混物中的 PCBM 含量来调整器件的开关电流比和阈值电压。

当聚乙烯咔唑中不掺杂富勒烯衍生物 C_{70} 时,ITO/sole PVK/Al 忆阻器所展现的是多次可重复擦写的快闪存储特性,如图 3-24 (c)所示。这说明富勒烯衍生物 C_{70} 的复合对于该忆阻器从快闪存储器到只读型存储器的转换起着非常关键的作用。

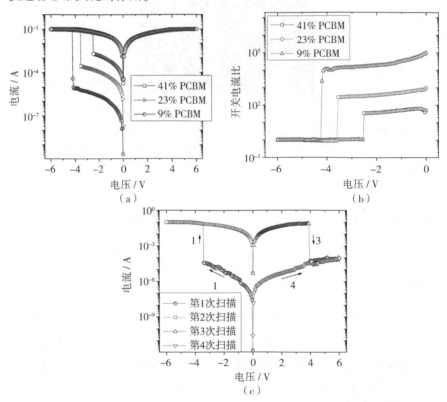

图 3-24 ITO/PCBM+PVK/Al 忆阻器与 ITO/sole PVK/Al 忆阻器的阻变特性图
(a) ITO/PCBM+PVK/Al 忆阻器的 $I-V$ 曲线;
(b) ITO/PCBM+PVK/Al 忆阻器的开关电流比与阈值电压;
(c) ITO/sole PVK/Al 忆阻器的 $I-V$ 曲线

考虑到限制电流对忆阻器的阻变特性具有重要的影响,我们研究了含 9%的 PCBM 的 ITO/PCBM+PVK/Al 忆阻器在被施加不同限制电流时的 I-V 曲线,如图 3-25 所示。当限制电流从 20 mA 增大到 100 mA 时,低阻态的电流增大,PCBM+PVK 复合薄膜中高阻态的电阻从 3.40×10^6 Ω 减小到 1.04×10^6 Ω。综上所述,ITO/PCBM+PVK/Al 忆阻器的阻变特性随着限制电流的变化而变化,低阻态电流和高阻态电流的变化趋势相似,这可能是因为更大的限制电流可以诱导注入更多的载流子。通过设置较大的限制电流,大部分捕获点被填充,导致大量载流子参与电荷输送过程,进而产生更大的电流。而在限制电流小的情况下,捕获点的数量非常有限,也只能产生相对较少的载流子,进而导致忆阻器具有更高的电阻。

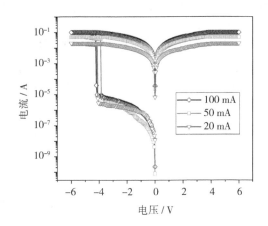

图 3-25　含 9%的 PCBM 的 ITO/PCBM+PVK/Al 忆阻器在被施加不同限制电流时的 I-V 曲线

3.4.2　忆阻器的可重复存储特性

为了阐明 ITO/PCBM+PVK/Al 忆阻器的可重复存储特性,对含有不同 PCBM 含量的 ITO/PCBM+PVK/Al 忆阻器进行了循环编程操作。图 3-26 显示了连续 20 个循环后的 I-V 曲线,发现并没有出现明显的衰减,证实了该忆阻器具有良好的可重复存储特性。

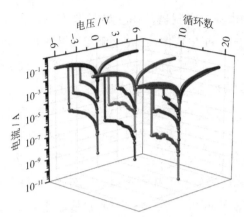

图 3-26   连续 20 个循环后的 *I-V* 曲线

3.4.3   忆阻器的参数一致性

图 3-27 为不同含量 PCBM 的 ITO/PCBM+PVK/Al 忆阻器的阈值电压统计分析图。从统计的数据中可以看出,含有不同含量 PCBM 的 ITO/PCBM+PVK/Al 忆阻器的阈值电压分布具有分明的界限,且阈值电压具有相对较好的参数一致性。

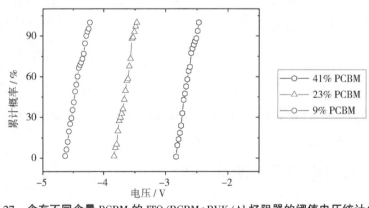

图 3-27   含有不同含量 PCBM 的 ITO/PCBM+PVK/Al 忆阻器的阈值电压统计分析图

图 3-28 为含有不同含量 PCBM 的 ITO/PCBM+PVK/Al 忆阻器的高阻态电阻和低阻态电阻的统计分析图。从统计的数据中可以看出,含有不同含量 PCBM 的 ITO/PCBM+PVK/Al 忆阻器的高阻态电阻与低阻态电阻间也具有分立的界限,且不同电阻态具有相对较好的参数一致性。其中低阻态电阻的参数一致性最好,分布相对集中,而 PCBM 的含量越低的忆阻器的高

阻态电阻分布越离散,电阻的参数一致性越差。

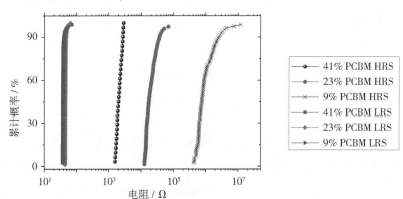

图 3-28　含有不同含量 PCBM 的 ITO/PCBM+PVK/Al
忆阻器的高阻态电阻和低阻态电阻的统计分析图

3.4.4　忆阻器的数据保持特性

对于忆阻器而言,数据保持特性是其非常重要的一个参数。图 3-29 为含有不同含量 PCBM 的 ITO/PCBM+PVK/Al 忆阻器的数据保持特性测试图。在-1 V 常压下对其高阻态电阻和低阻态电阻进行了长达 10^5 秒的测试,实验结果表明,含有不同含量 PCBM 的 ITO/PCBM+PVK/Al 忆阻器的高阻态和低阻态都具有良好的数据保持性能。在 10^5 秒的测试下,各阻态的电阻值都未发生明显的浮动,不同阻态的数据都能较好地维持。

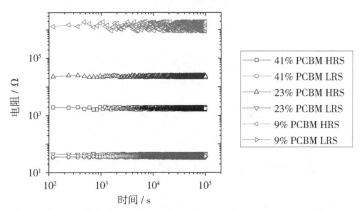

图 3-29　含有不同含量 PCBM 的 ITO/PCBM+PVK/Al 忆阻器的数据保持特性测试图

3.5　聚乙烯咔唑 C_{70} 复合薄膜忆阻器阻变机制分析

3.5.1　聚乙烯咔唑 C_{70} 复合薄膜的吸收光谱

　　对含有不同含量 PCBM 的聚乙烯咔唑 C_{70} 复合薄膜的吸收光谱进行了测试。图 3-30 为含有不同含量 PCBM 的聚乙烯咔唑 C_{70} 复合薄膜的吸收光谱。从图中可以看出,随着 PCBM 含量的减少,吸收带的强度逐渐增加。聚乙烯咔唑 C_{70} 复合薄膜在 923 nm 附近出现了一个微弱的吸收带,这可能是由于共轭笼碳分子受体与咔唑基团给体形成了分子间电荷转移复合物。当 PCBM 含量增加到 41% 时,聚乙烯咔唑 C_{70} 复合薄膜的弱吸收带强度明显下降了 28.57%,表明 PVK 内的电子给体咔唑基团与电子受体 PCBM 间发生了电荷转移。因此,当外加偏压超过能量势垒时,就会发生电荷转移,产生的载流子会使电流突然增大。

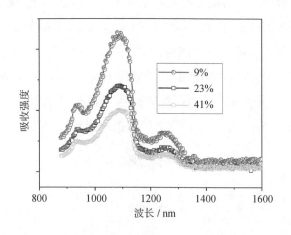

图 3-30　含有不同含量 PCBM 的聚乙烯咔唑 C_{70} 复合薄膜的吸收光谱

3.5.2　聚乙烯咔唑 C_{70} 复合薄膜忆阻器载流子输运导电模型

　　ITO/PCBM+PVK/Al 忆阻器的阻变机制可以用合适的导电模型拟合 I-V 曲线来描述。图 3-31 给出了电流与外加电压在双对数坐标系中的关系。对于高阻态的 ITO/PCBM+PVK/Al 忆阻器来说,拟合斜率可以分为低电压区域和高电压区域,如图 3-31(a)所示。在低电压区域,PCBM 含量为 9%、23% 和 41% 的忆阻器的拟合斜率分别为 1.19、1.11 和 0.91,因此在低电压区域电流符合线性关系($I \propto V$)。在高电压区域,PCBM 含量为 9%、23% 和 41% 的忆阻器的拟合斜率分别为 2.31、2.19 和 2.11,因此在高电压区域电流符合平方关系($I \propto V^2$)。从空间电荷限制电流机制的角度来说,$I-V$ 曲线在低偏置电压时遵循欧姆定律,在高偏置电压时遵循 Child's 定律。因此,ITO/PCBM+PVK/Al 忆阻器在高阻态下遵循典型的空间电荷限制电流机制。低阻态的 ITO/PCBM+PVK/Al 忆阻器的拟合 $I-V$ 曲线如图 3-31(b)所示,电流与电压呈线性关系,说明 ITO/PCBM+PVK/Al 忆阻器在低阻态下以欧姆定律为主要载流子输运机制,可以形成连续的输运通道。

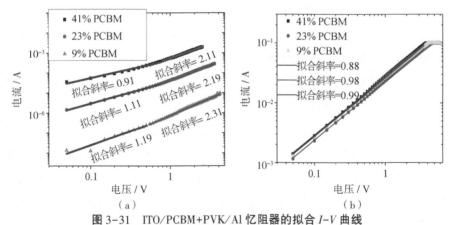

图 3-31　ITO/PCBM+PVK/Al 忆阻器的拟合 $I-V$ 曲线

(a)高阻态的 ITO/PCBM +PVK/Al 忆阻器;(b)低阻态的 ITO/PCBM+PVK/Al 忆阻器

3.5.3　聚乙烯咔唑 C_{70} 复合材料能带图

在初始阶段,载流子没有足够的能量克服 PVK 与 PCBM 之间的电荷注入势垒,因此 ITO/PCBM+PVK/Al 忆阻器在初始阶段处于高阻态。当外部电场作用于 ITO/PCBM+PVK/Al 忆阻器上时,PCBM 与 PVK 之间会出现感生电场形成的电荷转移复合物,复合物形成后的 PCBM 带负电,PVK 带正电。同时,由两个电极注入的电荷会在功能层中形成内建电场,屏蔽外部电场,阻碍电荷进一步注入功能层中。因此,ITO/PCBM+PVK/Al 忆阻器呈现高阻态,遵循空间电荷限制电流机制。当外加电压接近阈值电压时,PVK导带顶的电子将会获得足够的能量克服PVK与PCBM之间的势垒,跃迁到PCBM的价带底,进而使被氧化的PVK和被还原的PCBM中载流子数增加。载流子密度的增大和迁移率的升高显著提高了复合薄膜的电导率,使ITO/PCBM+PVK/Al忆阻器从高阻态转换到低阻态。被还原的PCBM中有效电子的游离和被氧化的PVK导电链中空穴的游离可以维持PCBM+PVK复合材料电荷转移的稳定性,从而实现ITO/PCBM+PVK/Al忆阻器的WORM存储特性。

PCBM含量的不同会对电阻性开关的性能产生很大的影响。n型电子受体PCBM可以与p型电子给体PVK相互作用,因此,复合材料中PCBM的含量使得ITO/PCBM+PVK/Al忆阻器能够调节并控制阈值电压和开关电阻比,因为聚集的PCBM可以调制聚合物基体中分离的畴域。ITO/PCBM+PVK/Al忆阻器中PCBM的含量越高,阈值电压和开关电阻比就越小,这是因为隔离PCBM畴间的距离缩短了。在PCBM含量为9%的情况下,PCBM区域之间存在较大分离,阻碍了载流子的跃迁。然而,PCBM含量为23%和41%的ITO/PCBM+PVK/Al忆阻器的阈值电压和开关电阻比(高阻态电阻更低)要低于PCBM含量为9%的ITO/PCBM+PVK/Al忆阻器。随着PCBM含量的增加,PCBM分子间的距离减小,载体运输的陷阱渗透阈值也相应降低。在阈值电压下,大部分电荷捕获中心被填充,复合薄膜中存在无缺陷环境。PCBM之间形成了载流子的渗漏通道,使得器件由高阻态向低阻态发生能带跃迁,这可能是阈值电压随PCBM含量增加而降低的原因。

PCBM的HOMO和LUMO能级分别为-6.1 eV和-3.7 eV,PVK的HOMO和LUMO能级分别为-5.6 eV和-2.3 eV,表明在基态中没有电荷转移。此外,得到的吸收光谱是单个PCBM和PVK的光谱,因此,PCBM与PVK之间的相互作用可能在电子跃迁之前被削弱。

为了分析电子跃迁和空穴跃迁的复杂性,我们绘制了ITO/PCBM+PVK/Al忆阻器的能带图,如图3-32所示。如图3-32(a)(b)所示,当对功能层为纯PCBM或纯PVK的忆阻器的顶电极Al施加正电压时,由于底电极ITO(-4.8 eV)与PCBM的LUMO(-3.7 eV)之间存在较小的能隙,电子很容易从底电极ITO注入到PCBM的LUMO中。同时,PVK的HOMO(-5.6 eV)

与顶电极 Al（-4.1 eV）之间的存在较小的能隙,空穴很容易从顶电极 Al 注入到 PVK 的 HOMO 中。而顶电极 Al（-4.1 eV）与 PCBM 的 HOMO（-6.1 eV）之间存在较大的能隙,顶电级 Al 中的空穴难以注入到 PCBM 的 HOMO 中。底电极 ITO（-4.8 eV）与 PVK 的 LUMO（-2.3 eV）之间存在较大的能隙,底电极 ITO 中的电子难以注入到 PVK 的 LUMO 中。

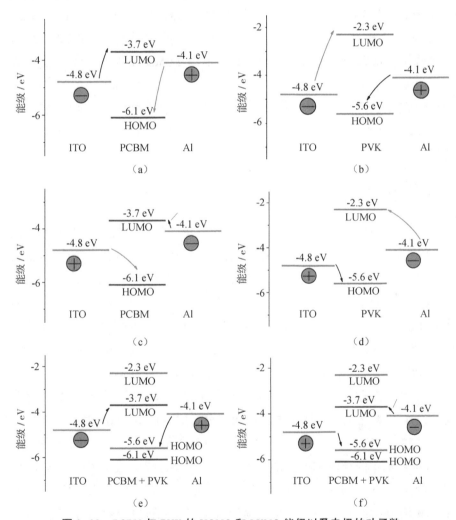

图 3-32　PCBM 与 PVK 的 HOMO 和 LUMO 能级以及电极的功函数

（a）（b）对功能层为纯 PCBM 或纯 PVK 的忆阻器的顶电极 Al 施加正电压；

（c）（d）对功能层为纯 PCBM 或纯 PVK 的忆阻器的顶电极 Al 施加负电压；

（e）（f）对功能层为 PCBM+PVK 复合材料的忆阻器的顶电极 Al 施加正、负电压

如图 3-32(c)(d)所示,对功能层为纯 PCBM 或纯 PVK 的忆阻器的顶电极 Al 施加负电压时,底电极 ITO(-4.8 eV)与 PCBM 的 HOMO (-6.1 eV)之间存在较大的能隙,底电极 ITO 中的空穴难以注入到 PCBM 的 HOMO 中。顶电极 Al(-4.1 eV)与 PVK 的 LUMO(-2.3 eV)之间存在较大的能隙,顶电极 Al 中的电子难以注入到 PVK 的 LUMO 中。然而,PCBM 和 PVK 复合材料具有较低的 LUMO,当对功能层为 PCBM+PVK 复合材料的忆阻器的顶电极 Al 施加电压时,可以将较高的 HOMO 能级切换到低阻态,如图 3-32(e)(f)所示。这种现象可以归因于 PCBM 的 LUMO(-3.7 eV)与顶电极 Al(-4.1 eV)之间和 PVK 的 HOMO(-5.6 eV)与底电极 ITO (-4.8 eV)之间均存在较小的能隙,有助于电荷转移的载体通过势垒跳跃。因此,相比于 PVK 给体(0.8 eV)的电子供给能力,PCBM 受体(0.4 eV)的电子接受能力更强。

3.5.4 阻变机制分析

由于 PCBM 具有很强的电子接受能力,电子被牢固地捕获在 PCBM 的捕获位点,并被 PVK 矩阵稳定在整个复合薄膜中。因此即使在关闭电源后,PCBM 仍然会保留被捕获的载流子和关闭电源前的带电状态,ITO/PCBM+PVK/Al 忆阻器保持在低阻态(陷阱填充),具有非易失性。当对 ITO/PCBM+PVK/Al 忆阻器施加负(正)偏置电压时,外部电场与 PVK 中空间电荷层的内建电场相反,内建电场将阻止被捕获的电子被中和或被抽离,ITO/PCBM+PVK/Al 仍然保持在低阻态,呈现 WORM 存储特性。

n 型电子受体 PCBM 和 p 型电子给体 PVK 良好混合,在顶部 Al 电极和底部 ITO 电极之间的活性层中存在无数分子级别的 p-n 结,其活性层原理图如图 3-33 所示。ITO/PCBM+PVK/Al 忆阻器的阻变特性也可能归因于分子 p-n 结的单向导电和可逆击穿以及电荷转移过程中载流子的势垒跃迁。在初始状态下,对 ITO/PCBM+PVK/Al 忆阻器施加外部电压,由于 PVK 和 PCBM 均匀共混,在电场诱导的电荷转移作用下,活性层内会形成规整排列的分子 p-n 结。

如图 3-33(a)所示,对 Al 电极施加负偏置电压时,Al 电极注入电子,ITO 电极注入空穴。空间电荷区由电子给体 PVK 和电子受体 PCBM 组成。

对 ITO/PCBM+PVK/Al 忆阻器施加负偏置电压时的初始高阻态可能也与活性层中无数分子 p-n 结的反向截止状态有关。当负偏置电压增加到阈值电压时,高掺杂 p-n 结会触发齐纳击穿,特别是在由旋涂法制备的施主与受主混合的 p-n 结中。齐纳击穿是非破坏性的可逆击穿,因此 ITO/PCBM+PVK/Al 忆阻器会从最初的高阻态转换为低阻态。

如图 3-33(b)所示,对 Al 电极施加正偏置电压时,Al 电极注入空穴,ITO 电极注入电子。在这种情况下,分子 p-n 结的 p 型区域施加正电压,n 型区域施加负电压,所以 p-n 结在正偏置下传导。因此,ITO/PCBM+PVK/Al 忆阻器在正偏置电压下的低阻态也可能与分子 p-n 结在正偏置电压下的传导特性有关。

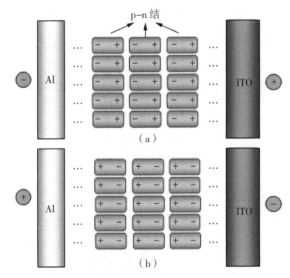

图 3-33　顶部 Al 电极和底部 ITO 电极之间的活性层原理图

(a)p-n 结在负偏置电压下的反向截止状态;(b) p-n 结在正偏置电压下的传导特性

以上分析表明,ITO/PCBM+PVK/Al 忆阻器的设定过程与多种因素有关,包括跃迁势垒的电荷载体的能带、复合薄膜中的陷阱密度（即 PCBM 的浓度）、阱位填充后剩余载流子数以及分子 p-n 结在齐纳击穿时的击穿电压等。

表 3-1 为 ITO/PCBM+PVK/Al 忆阻器(我们所制备的)和其他研究组报

道的基于 PCBM 制备的忆阻器的阻变特性的对比。基于实验结果,ITO/PCBM+PVK/Al 忆阻器实现了在 $10^{1.5} \sim 10^{4.1}$ 范围内可调的开关电流比和 WORM 存储特性。而基于 PCBM+P-TPA、PCBM+TCNQ、L1+PCBM 和 L2+PCBM 复合材料以及聚合物 PVK-C_{70} 材料制备的忆阻器的开关电流比则更大。PCBM+TTF+PS、PCBM+P-TPA 和 P(VDF-TrFE)+PCBM 复合材料中的电子给体分别为 TTF、P-TPA 和 P(VDF-TrFE)。另外,PCBM+P-TPA 复合材料的存储特性是根据 PCBM 含量的变化从 SRAM 转换到 WORM 的可调阻变特性。而 PCBM+MoS$_2$ 复合材料在 0~8% 的 PCBM 含量范围内的存储特性从 WORM 变化到快闪。在 PCBM+TTF+PS 和 L1+PCBM 和 L2+PCBM 复合材料中,高阻态的拟合 $I-V$ 曲线分别为 Poole-Frenkel 发射和 SCLC,低阻态的拟合 $I-V$ 曲线分别为热发射和 Poole-Frenkel 发射。在我们的 PCBM+PVK 和 PCBM+MoS$_2$ 复合材料中,高阻态和低阻态的拟合 $I-V$ 曲线分别为 SCLC 和欧姆导电。

表 3-1   几个研究组报道的基于 PCBM 制备的忆阻器的阻变特性的对比

材料	电子给体	存储特性	复合材料含量	开关电流比	拟合 $I-V$ 曲线	
					高阻态	低阻态
PCBM+PVK 复合材料	PVK	WORM	9~41% PCBM	$10^{1.5} \sim 10^{4.1}$	SCLC	欧姆导电
PCBM+TTF+PS 复合材料	TTF	双极型	1.2% PS 和 0.8% TTF	约 10^3	Poole-Frenkel 发射	热发射
PCBM+P-TPA 复合材料	P-TPA	SRAM 到 WORM	1~10% PCBM	$10^4 \sim 10^7$	—	—
PCBM+TCNQ 复合材料	—	WORM	1:1 (摩尔比)	10^6	—	—

续表

材料	电子给体	存储特性	复合材料含量	开关电流比	拟合 I-V 曲线	
					高阻态	低阻态
L1+PCBM 和 L2+PCBM 复合材料	—	WORM	0~10% PCBM	10^6	SCLC	Poole-Frenkel 发射
PCBM+ MoS$_2$ 复合材料	—	WORM 到快闪	0~8% PCBM	3×10^2	SCLC	欧姆导电
P(VDF-TrFE)+ PCBM 复合材料	P(VDF-TrFE)	双稳态存储	5% PCBM	3×10^3	—	—
聚合物 PVK-C$_{70}$	—	快闪	NO	大于 10^5	—	—

根据实验结果,结合对不同富勒烯衍生物 ITO/PCBM+PVK/Al 忆阻器的阻变机制的分析,其阻变机制为低阻态时的欧姆导电机制和高阻态时的空间电荷限制电流机制。

3.6　本章小结

本章中,在聚乙烯咔唑施主中添加噁二唑受主,将该复合材料作为功能层,制备了 ITO/PBD:PVK/Al 忆阻器。该忆阻器展现了可再写的快闪存储特性,并且具有较低的写、擦电压,良好的保持特性和耐久特性。实验结果表明,将噁二唑添加到聚乙烯咔唑中可使忆阻器在 116 次连续的直流电压扫描后仍能正常工作,而且阈值电压 V_{SET} 和 V_{RESET} 展现了更集中的分布特性,分别分布在 $-0.85\sim-0.45$ V 和 $2.40\sim3.45$ V 范围内,聚乙烯咔唑施主与噁二唑受主之间强大的场致电荷转移效应有效地提高了忆阻器的稳定性、可重复性和参数一致性。通过控制旋转涂膜的速度和时间,制备出了厚度分别为 121 nm、95 nm 和 53 nm 的聚乙烯咔唑与噁二唑复合薄膜,不同厚度的功能层可调节开关电流比(在 $10^4 \sim 10^2$ 范围内)。在直流电压扫描模式下，不同厚度复合薄膜的忆阻器都展现了快闪存储特性，随着复合薄膜厚度的减小，开关电流比发生了明显的减小。利用关态电流与复合薄膜厚度间的依赖关系验证了高阻态的载流子传输模型为空间电荷限制电流机制。复合薄膜吸收光谱中吸收带的强度随着噁二唑含量的不断增加而增加，验证了电荷转移的存在。ITO/PBD:PVK/Al 忆阻器的阻变机制为聚乙烯咔唑施主与噁二唑受主之间的场致电荷转移效应。

在聚乙烯咔唑施主中适量添加富勒烯衍生物 C_{70} 受主，利用该复合材料可制备出具有良好数据保持性能和良好脉冲激励作用下电阻响应的忆阻器，而且可通过改变富勒烯衍生物 C_{70} 的含量来调节该忆阻器的开关电流比和阈值电压。

第4章 聚氨酯基功能层的阻变特性

自从聚氨酯(PU)被合成出来的那天起,它就受到了研究学者的关注。由于具有优秀的物理特性、化学特性以及良好的生物兼容性,聚氨酯被广泛地应用于多种领域,包括汽车工业、磨辊系统以及生物医学的薄膜生产等。将某些小分子与聚氨酯共混可以形成具有连续导电网络的复合材料。由于聚氨酯便于用溶液处理,将聚氨酯与某些小分子共混可有效避免小分子在旋转涂膜的过程中析出结晶的缺点。

虽然人们对聚氨酯进行了研究,但据我们所知,聚氨酯的阻变特性迄今还没有被报道过。我们通过改变2-(4-叔丁基苯基)-5-(4-联苯基)-1,3,4-噁二唑(PBD)在聚氨酯溶液中的浓度对聚氨酯复合薄膜的阻变特性进行修正。我们制备了含噁二唑与不含噁二唑的两种忆阻器,并对这两种忆阻器的电流-电压特性进行了分析与对比。实验结果表明,在聚氨酯中添加噁二唑可有效减小关态电流,从而有效增大忆阻器的开关电流比。

4.1 忆阻器的制备与薄膜的表征

4.1.1 忆阻器的制备

将聚氨酯($M_w = 62000$)以及聚氨酯与噁二唑($M_w = 354.44$)的共混物分别用作忆阻器的功能层。ITO玻璃基底(方块电阻$R_\square = 6 \sim 9\ \Omega$)依次在去离子水、丙酮、异丙醇和甲醇中超声清洗20 min。将噁二唑溶解在1-甲基-2-吡咯烷酮中制备5 mg/mL的噁二唑溶液,经过搅拌、过滤(使用孔径0.22 μm的聚四氟乙烯薄膜注射式过滤器)生成匀相的溶液。将1.5 mL的噁二唑溶液与之前过滤好的10 mL聚氨酯溶液(6.0%水溶液)超声共振1 h。然后,将250 mL聚氨酯与噁二唑混合溶液旋涂在ITO玻璃基底上,以

900 r/min 的转速旋涂 18 s,然后以 5000 r/min 的转速旋涂 60 s 形成均匀的液态复合薄膜。将旋涂后的复合薄膜放在 70 ℃ 的真空烘干箱中烘干 8 h,以去除残留的溶剂,形成固态的复合薄膜。

在基于 PEDOT:PSS 和 SiO$_x$ 制备的忆阻器中,电极的阻变特性起到重要的作用,特别是介质与顶部电极间的势垒可以有效改进忆阻器的性能。对于 n 型的噁二唑来说,选择一种具有类似欧姆接触特性且具有较低的功函数以有效降低界面势垒的电极与噁二唑接触非常重要,因此我们选择 Al 作为顶部电极。在 1.0×10^{-4} Pa 的压强下利用掩膜法将顶部 Al 电极蒸镀到有机薄膜表面上,电极的厚度为 300 nm,直径为 200 μm。图 4-1 为聚氨酯和噁二唑的化学结构与忆阻器的结构示意图。忆阻器的电学特性利用 Keithley 4200 型半导体参数分析仪测量,两个探针分别与忆阻器的上下电极接触。在整个测试过程中,底部电极(ITO)接地,电压施加在顶部电极(Al)上,限制电流设置为 100 mA。

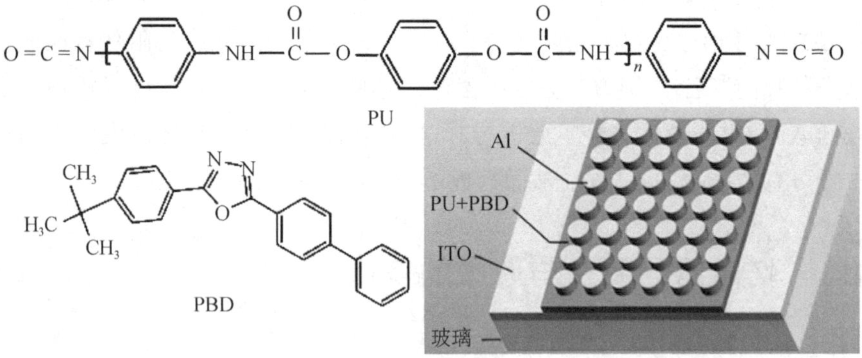

图 4-1　聚氨酯和噁二唑的化学结构与忆阻器的结构示意图

4.1.2　聚氨酯噁二唑复合薄膜的表征

聚氨酯薄膜与聚氨酯噁二唑复合薄膜的横截面扫描电镜图如图 4-2 所示,从上到下依次是玻璃、ITO 薄膜、功能层薄膜。聚氨酯薄膜与复合薄膜的厚度分别为 87.3 nm 和 95.5 nm。从扫描电镜图中可以看出,噁二唑均匀地分布在聚氨酯基体中。

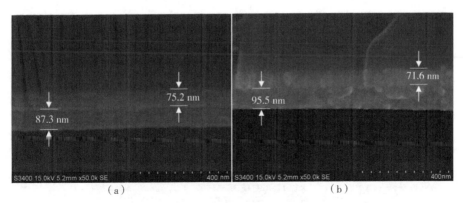

图 4-2　横截面扫描电镜图

(a)聚氨酯薄膜；(b)聚氨酯噁二唑复合薄膜

4.2　阻变特性分析

4.2.1　ITO/PU/Al 忆阻器与 ITO/PU+PBD/Al 忆阻器的阻变特性比较

图 4-3 为一个电压循环下 ITO/PU/Al 忆阻器和 ITO/PU+PBD/Al 忆阻器的 $I-V$ 曲线，一个电压循环包括四个电压扫描过程。在第一个电压扫描过程中，电压从 0 V 扫描到 -6 V，ITO/PU/Al 忆阻器和 ITO/PU+PBD/Al 忆阻器在电压为 -0.9 V 时，电流突然地增大，忆阻器从高阻态转换到低阻态，这个过程称为 SET 过程。在第二个电压扫描过程中，电压再次从 0 V 扫描到 -6 V，忆阻器保持在低阻态，说明其具有非易失的存储特性。在第三个电压扫描过程中，电压从 0 V 扫描到 6 V，ITO/PU/Al 忆阻器在电压为 3.4 V 时从低阻态转换到高阻态，而 ITO/PU+PBD/Al 忆阻器在电压为 3.6 V 时从低阻态转换到高阻态，这个过程称为 RESET 过程。在第四个电压扫描过程中，电压再次从 0 V 扫描到 6 V，忆阻器保持在高阻态。因此，两个忆阻器都具有双极型阻变特性。值得注意的是，当聚氨酯与噁二唑混合后，忆阻器的存储窗口被有效地扩大了。

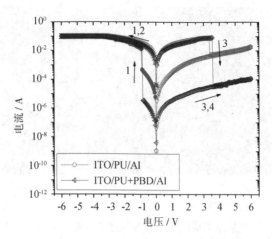

图 4-3　ITO/PU/Al 忆阻器和 ITO/PU+PBD/Al 忆阻器的 *I*–*V* 曲线

图 4-4 为 ITO/PU/Al 忆阻器和 ITO/PU+PBD/Al 忆阻器的开关电流比与外加电压间的关系。可以看出,掺入噁二唑以后忆阻器的关态电流明显减小,从而使开关电流比增加了两个数量级。而且,开关电流比在某些区域大于 10^4,如此大的开关电流比足以降低存储过程中的误读率。

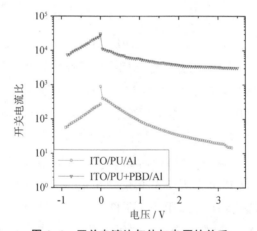

图 4-4　开关电流比与外加电压的关系

4.2.2　ITO/PU+PBD/Al 忆阻器的保持特性和耐久特性分析

保持特性和耐久特性在非易失性存储器件的实际应用中都是非常重要

的。图 4-5 为 ITO/PU+PBD/Al 忆阻器的保持特性测试结果。在 2 V 常压下连续测试期间,忆阻器在低阻态和高阻态下均可以保持 5 h,且开关电流比维持在 4×10³。在 2 V 脉冲(周期为 2 ms,宽度为 1 ms)下对忆阻器低阻态和高阻态的耐久特性进行了测试,如图 4-6 所示,该忆阻器可在 100 个连续的读循环下保持稳定,彰显了较好的耐久特性。

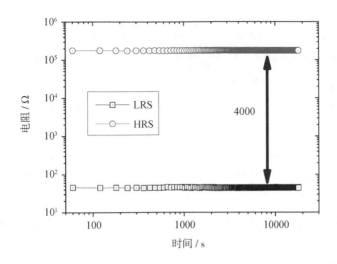

图 4-5　ITO/PU+PBD/Al 忆阻器的高阻态和低阻态在 2 V 常压下的保持特性

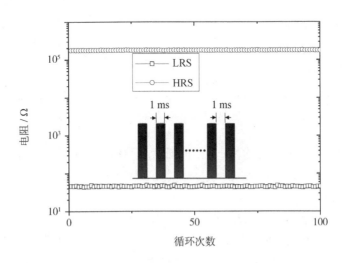

图 4-6　ITO/PU+PBD/Al 忆阻器的高阻态和低阻态在 2 V 脉冲下的耐久特性

4.2.3 阻变机制与导电模型分析

为了探索两种忆阻器的阻变机制,我们在双对数坐标系中绘制了 ITO/PU/Al 忆阻器和 ITO/PU+PBD/Al 忆阻器的 $I-V$ 曲线。图 4-7 为两种忆阻器 SET 过程和 RESET 过程 $I-V$ 曲线的线性拟合。当两种忆阻器处于低阻态时,其具有 0.98、1.02 和 1.05 的拟合斜率,这几个拟合斜率都非常接近于 1,说明低阻态电流和电压间的关系遵循欧姆定律。当忆阻器处于高阻态时,其在低电压区域遵循欧姆定律(SET 过程的拟合斜率为 1.09 和 1.07;RESET 过程的拟合斜率为 1.09 和 1.13),在高电压区域遵循 Child's 定律(SET 过程的拟合斜率为 2.08 和 2.03;RESET 过程的拟合斜率为 2.05、2.11 和 2.02)。这个过程可能是金属-有机物界面陷阱的产生引起的,在热蒸镀顶部 Al 电极时铝原子可能会扩散到有机物薄膜中,形成杂质能带。因此,在 Al-半导体异质结内电子被俘获使能带发生了弯曲。根据以上的分析可知,忆阻器在高阻态和低阻态的载流子传输过程完全不同,忆阻器在低阻态遵循欧姆定律,在高阻态遵循空间电荷限制电流机制。

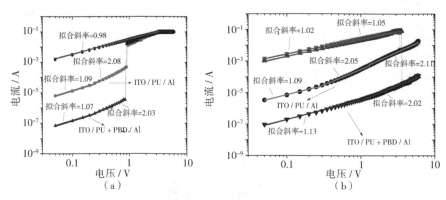

图 4-7 ITO/PU/Al 忆阻器和 ITO/PU+PBD/Al 忆阻器 $I-V$ 曲线的线性拟合
(a)SET 过程;(b)RESET 过程

图 4-8(a)为聚氨酯薄膜的紫外-可见吸收光谱,一个明显的吸收峰出现在 447.5 nm 附近,吸收边缘延伸至 552 nm 处。基于以上数据可以计算出聚氨酯材料的禁带宽度为 2.25 eV。聚氨酯的循环伏安数据如图 4-8(b)所示,循环伏安数据通过 CHI611B 电化学工作站测得。从图中可以看出,聚氨

酯在 0.98 eV 处展现出氧化行为。基于以上数据可以计算出聚氨酯材料的 HOMO 为−5.4 eV。

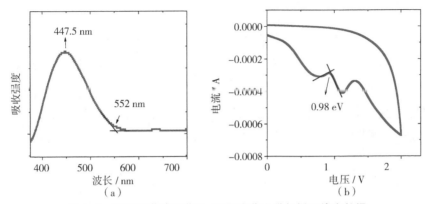

图 4-8　聚氨酯薄膜的紫外−可见吸收光谱与循环伏安数据

（a）聚氨酯薄膜的紫外−可见吸收光谱；（b）聚氨酯的循环伏安数据

图 4-9（a）为噁二唑溶液的紫外−可见吸收光谱，在 364 nm 附近观察到了一个明显的吸收峰并在其邻近处观察到了较弱的吸收峰，吸收边缘延伸至 390 nm 处。基于以上数据可以计算出噁二唑的禁带宽度为 3.18 eV。噁二唑溶液的循环伏安数据如图 4-9（b）所示，噁二唑在 2.13 eV 处展现出氧化行为。

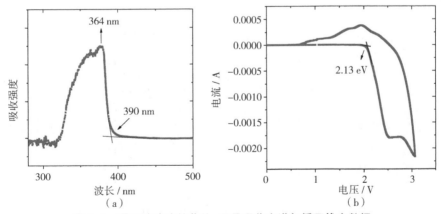

图 4-9　噁二唑溶液的紫外−可见吸收光谱与循环伏安数据

（a）噁二唑溶液的紫外−可见吸收光谱；（b）噁二唑溶液的循环伏安数据

基于以上实验结果，可以计算出聚氨酯和噁二唑的 LUMO 和 HOMO，如

表 4-1 所示。聚氨酯和噁二唑的 LUMO 和 HOMO 能级以及铝电极和 ITO 电极的功函数可以用于理解 ITO/PU+PBD/Al 忆阻器的存储特性。

表 4-1　聚氨酯与噁二唑的光学特性与电化学特性

	λ_{max} /nm	λ_{onset} /nm	E_g/eV[a]	E_{onset}/eV	HOMO/eV[b]	LUMO/eV[c]
PU	447.5	552	2.25	0.98	−5.40	−3.15
PBD	364	390	3.18	2.13	−6.55	−3.37

注：a. $E_g = \dfrac{1240}{\lambda_{onset}}$；

b. $E_{HOMO} = -[E_{onset} - (E_{ferrocene} + 4.8)]$；

c. $E_{LUMO} = E_{HOMO} + E_g$。

图 4-10 为 ITO/PU+PBD/Al 忆阻器中 PBD 与 PU 的 HOMO 和 LUMO 能级以及铝电极和 ITO 电极的功函数。聚氨酯和噁二唑的 HOMO 能级分别为−5.40 eV 和−6.55 eV，而聚氨酯和噁二唑的 LUMO 能级分别为−3.15 eV 和−3.37 eV。噁二唑基团较高的电子亲和能力使得噁二唑成为电子受体，而氨基甲酸酯基团使得聚氨酯在这个共混系统当中成为电子给体。电荷转移复合物的稳定性将会强烈依赖于单个空穴/电子的再结合能力以及电荷的游离能力。

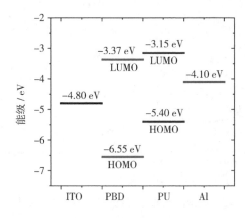

图 4-10　PBD 与 PU 的 HOMO 和 LUMO 能级以及电极的功函数

　　ITO/PU/Al 忆阻器的阻变机制可以归因于聚氨酯薄膜中电荷的俘获与游离。当足够大的正电压施加到顶部 Al 电极上时,有机薄膜内的陷阱将会被空穴填满,陷阱被填满后,从电极注入的空穴可以在聚合物薄膜中沿电场方向迁移,使忆阻器从高阻态转换到低阻态,并将忆阻器维持在低阻态。当施加负电压时,注入的电荷从聚氨酯薄膜中被抽出,填进陷阱的载流子被抽出并游离,再次产生载流子跃迁的势阱,将忆阻器从低阻态转换到高阻态。

　　噁二唑的添加在某种程度上将会不可避免地导致聚氨酯减少,而且由噁二唑基团的电子亲和能力产生的电荷陷阱将会明显减小关态电流。噁二唑分子可能会占据聚氨酯分子的某些位置,从而阻碍电荷传输,导致 ITO/PU+PBD/Al 忆阻器的关态电流发生明显减小。总之,掺杂进来的噁二唑主要有两个功能:产生电荷陷阱来捕获电子以及在这个共混系统中与聚氨酯电子给体形成电荷转移。

　　以上的分析已经说明了聚氨酯和噁二唑可以分别作为电子给体和电子受体。因此,ITO/PU+PBD/Al 忆阻器的阻变机制为聚氨酯电子给体与噁二唑电子受体之间的电荷转移效应。初始阶段,忆阻器处于高阻态,当向顶部电极施加外部电场时,载流子开始注入,并被相应的电极及有机物界面俘获,形成内建电场。这个空间的电荷层会屏蔽外部电场,并阻碍载流子的进一步注入。一旦外部电场达到阈值电压,陷阱被空穴填满,铝电极就会开始向噁二唑的 LUMO 注入电子。由于双注入机制所产生的载流子密度增大,电流密度迅速增加,从而使忆阻器从高阻态转换到低阻态。噁二唑中有效的电子游离与聚氨酯中有效的空穴游离可以稳定聚氨酯与噁二唑共混物的电荷转移状态,从而实现 ITO/PU+PBD/Al 忆阻器的非易失性。在施加反向电场后,噁二唑俘获的电子将会被抽出,聚氨酯被还原,使得忆阻器由低阻态转换到初始的高阻态。

4.3　本章小结

　　本章中,在聚氨酯中掺杂了小分子噁二唑,并采用聚氨酯和噁二唑的共混物作为功能层制备了 ITO/PU+PBD/Al 忆阻器。该忆阻器展现了非易失性的电双稳态 flash 存储特性,开关电流比大于 10^3。将 ITO/PU+PBD/Al 忆阻器与未掺杂噁二唑的 ITO/PU/Al 忆阻器的阻变特性进行了对比,实验结果表明,在聚氨酯中添加噁二唑可将非易失性快闪存储器的关态电流在 $-1\sim3.5$ V 的电压范围内由 $10^{-4}\sim10^{-2}$ A 降至 $10^{-6}\sim10^{-4}$ A,从而有效地将开关电流比由 $10^{1}\sim10^{3}$ 增大到 $10^{3}\sim10^{4}$,极大地降低了误读率。基于聚氨酯薄膜和噁二唑溶液的紫外-可见吸收光谱和循环伏安数据,计算出聚氨酯和噁二唑的 HOMO 能级分别为 -5.40 eV 和 -6.55 eV,聚氨酯和噁二唑的 LUMO 能级分别为 -3.15 eV 和 -3.37 eV。结合能带图对这个强受体-弱给体系统内的场致电荷转移产生的阻变特性进行了分析,结果表明噁二唑的添加极大地减小了关态电流,使得开关电流比增大了两个数量级,而且该开关电流比可稳定 5 个小时以上无衰减。

从第 3 章和第 4 章的实验结果中可以看出,噁二唑在不同基体中的添加可实现不同的功能,在聚乙烯咔唑中添加噁二唑可提高快闪存储稳定性和可重复性,而在聚氨酯中添加噁二唑可明显地扩展存储窗口,增大开关电流比,从而有效降低误读率。

第5章 聚乙烯苯酚基功能层的阻变特性

在目前已被报道的阻变存储材料中,聚合物复合材料由于可利用与客体材料间简单而丰富的调制关系来控制所产生复合材料的存储特性,因此相比于其他材料展现出了极大的优势。可以掺杂在聚合物基体中的典型客体材料包括:金属纳米粒子、基于纳米材料的石墨碳(石墨烯、富勒烯以及碳纳米管)、有机聚合物分子以及小分子等。聚合物的作用是充当电学功能的主体或者支撑材料的基体,而掺杂在其中的客体材料会与聚合物发生相互作用。复合体系中客体材料的分布和浓度对该复合材料的可重复性和非易失性起着重要的作用。

众所周知,将具有良好电子传输能力的材料用在有机电子器件中能有效地改进器件的性能。2-(4-叔丁基苯基)-5-(4-联苯基)-1,3,4-噁二唑(PBD)因具有较好的电子亲和性而成为最有效的电子传输材料之一。对于噁二唑这样摩尔质量小的分子材料,成膜通常采用真空蒸镀工艺,虽然通过这种工艺制备出的薄膜是无定型的,但这种薄膜很容易结晶。一种避免结晶的简单方法就是将低分子量的化合物嵌入到聚合物(如苝酰亚胺衍生物)基体中,形成主体-客体体系。

在前两章中,我们报道了将噁二唑客体添加到聚乙烯咔唑基体和聚氨酯基体中的作用。实验结果表明,在聚乙烯咔唑基体中添加噁二唑客体后,二者间强烈的电荷转移效应会极大地提高忆阻器的稳定性、可重复性和参数一致性。而在聚氨酯基体中添加小分子噁二唑能够明显增大开关电流比,并显著扩展存储窗口。在之前的工作中,客体在有机薄膜中的共混含量对阻变特性的影响主要体现在性能的稳定性、可重复性、参数一致性和开关电流比上。主体-客体体系中的客体掺杂水平尽管对忆阻器的阻变特性产生了重要的影响,但在决定存储类型上并不起重要作用。在本章中研究发现,在聚乙烯苯酚(PVP)基体中掺杂不同含量的噁二唑可实现存储类型的转换。因此,系统地研究噁二唑衍生物对有机存储器件电学特性的影响非常重要,找到影响复合材料阻变特性的某些关键因素势在必行。

我们在聚乙烯苯酚基体中掺杂了噁二唑,并对聚乙烯苯酚和噁二唑复合薄膜可控可调的电学特性进行了研究。在 ITO/PVP+PBD/Al 三明治结构忆阻器中通过改变噁二唑的共混含量可实现非易失性存储特性的转换,可实现的非易失性存储特性包括可再写的快闪存储特性、WORM 存储特性以及绝缘特性。

5.1 忆阻器的制备与薄膜的表征

5.1.1 忆阻器的制备

聚乙烯苯酚($M_w = 25000$)和噁二唑($M_w = 354$)的化学结构如图 5-1 所示。ITO 玻璃基底的尺寸是 2 cm×1 cm (方块电阻 $R_\square = 6 \sim 9\ \Omega$)。ITO 玻璃基底依次在去离子水、丙酮、异丙醇和甲醇中超声清洗 20 min,然后在真空烘干箱中进行烘干。将不同共混比例的聚乙烯苯酚与噁二唑的复合材料用作活性材料。将聚乙烯苯酚与噁二唑的共混物按 35 mg/mL 的量溶解在体积比为 2∶1 的乙醇和 N-甲基-2-吡咯烷酮共混溶液中,然后将共混溶液旋涂在 ITO 玻璃基底上,以 900 r/min 的速度旋涂 18 s,然后以 3000 r/min 的速度旋涂 60 s 形成复合薄膜。将旋涂后的复合薄膜放在 60 ℃的真空烘干箱中进行烘干以去除残留的溶剂。最后,在 1.0×10^{-4} Pa 的压强下利用掩膜法将顶部铝电极蒸镀到有机复合薄膜上,铝电极的厚度约为 200 nm。ITO/PVP+PBD/Al 三明治结构的忆阻器示意图如图 5-2 所示。ITO/PVP+PBD/Al 忆阻器的电学特性利用 Keithley 4200 型半导体参数分析仪测量。在所有的电压扫描过程中,ITO/PVP+PBD/Al 忆阻器的 ITO 电极接地,电压扫描步长为 0.05 V。为了避免忆阻器被击穿,限制电流设置为 100 mA。

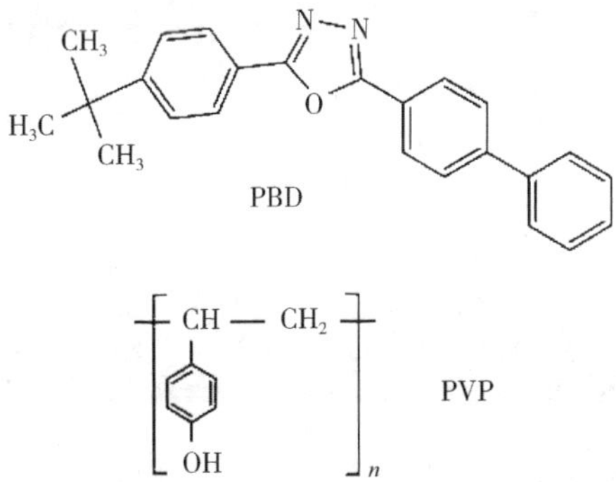

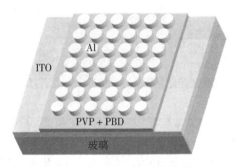

图 5-1　噁二唑和聚乙烯苯酚的化学结构

图 5-2　忆阻器的结构示意图

5.1.2　聚乙烯苯酚噁二唑复合薄膜的表征

在蒸镀顶部铝电极之前,聚乙烯苯酚噁二唑复合薄膜的横截面扫描电镜图如图 5-3 所示,从上到下依次是玻璃、ITO 薄膜和聚乙烯苯酚噁二唑复合薄膜。从这张图中可以看出,含有不同含量噁二唑的复合薄膜的厚度分别为 134 nm、144 nm、142 nm 和 139 nm,同时可以清晰地观察到噁二唑在聚乙烯苯酚中均匀地分布。

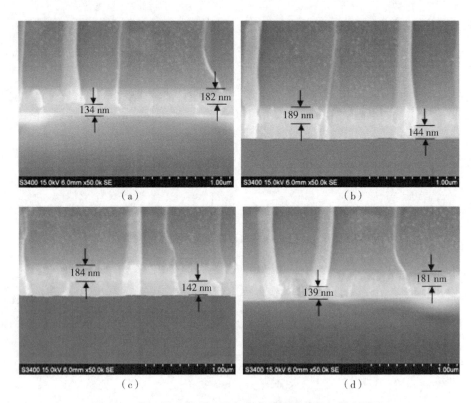

图 5-3　聚乙烯苯酚噁二唑复合薄膜的横截面扫描电镜图

(a)噁二唑含量为 0%;(b)噁二唑含量为 5%;

(c)噁二唑含量为 9%;(d)噁二唑含量为 14%

5.2　阻变特性分析

5.2.1　ITO/PVP/Al 忆阻器的阻变特性

在测量聚乙烯苯酚噁二唑复合薄膜的阻变特性之前,为了便于比较,首先测量了基于聚乙烯苯酚单体制备的 ITO/PVP/Al 三明治结构忆阻器在一个电压循环下的 $I-V$ 曲线,如图 5-4 所示。在第一个电压扫描过程中,电压从 0 V 扫描到 -4 V 时,该忆阻器在电压为-1.30 V 时从高阻态转换到低阻态。在第二个电压扫描过程中,电压再次从 0 V 扫描到-4 V,该忆阻器保持在高阻态。在第三个电压扫描过程中，电压从 0 V 扫描到 6 V，起初忆阻器保持在低阻态，直到达到阈值电压 3.75 V 时该忆阻器由低阻态转换至高阻态。在第四个电压扫描过程中，电压再次从 0 V 扫描到 6 V，该忆阻器保持在高阻态。在 -4 V 到 6 V 的电压范围内，该忆阻器的开关电流比为 313~980，如图 5-5 所示。因此，ITO/PVP/Al 忆阻器展现了典型的非易失性快闪存储特性。

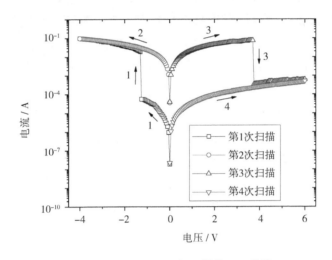

图 5-4　ITO/PVP/Al 忆阻器的 I-V 曲线

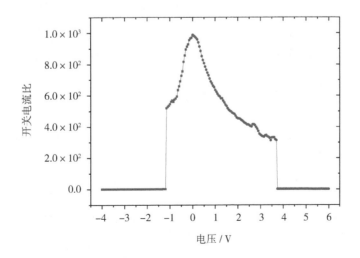

图 5-5　开关电流比与外加电压的关系

5.2.2 含5%噁二唑的 ITO/PVP+PBD/Al 忆阻器的阻变特性

图 5-6 为一个电压循环下含 5%噁二唑的 ITO/PVP+PBD/Al 忆阻器的 $I-V$ 曲线。该忆阻器也展现了非易失性快闪存储特性。起初该忆阻器处于高阻态,且与 ITO/PVP/Al 忆阻器相比具有更小的关态电流。在第一个电压扫描过程中,电压从 0 V 扫描到−4 V,该忆阻器在电压为−1.4 V 时,电流突然地从 10^{-6} A 增大到 10^{-2} A,将忆阻器从高阻态转换到低阻态。从高阻态向低阻态的转换在数字存储中相当于"写"的过程。在第二个电压扫描过程中,电压从 0 V 扫描到−4 V,该忆阻器保持在低阻态。在第三个电压扫描过程中,电压从 0 V 扫描到 6 V,在电压为 3.55 V 时,该忆阻器从低阻态转换到高阻态,这在数字存储中相当于"擦"的过程。在第四个电压扫描过程中,电压从 0 V 扫描到 6 V,该忆阻器保持在高阻态。因此,对于可再写的非易失性存储器件而言,以上步骤完成了一个"写−读−擦−读"循环,并可以在单个存储器件中重复多次。含 5% 噁二唑的 ITO/PVP+PBD/Al 忆阻器具有较大的开关电流比,在−4~6 V 的电压范围内,该忆阻器的开关电流比为 $5.0\times10^3\sim1.4\times10^4$,如图 5-7 所示。

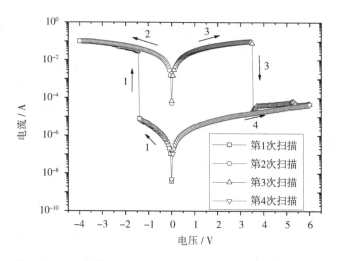

图 5-6　含 5%噁二唑的 ITO/PVP+PBD/Al 忆阻器的 $I-V$ 曲线

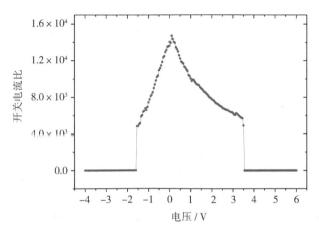

图 5-7　含 5%噁二唑的 ITO/PVP+PBD/Al 忆阻器的开关电流比与外加电压的关系

如图 5-8 所示,含 5%噁二唑的 ITO/PVP+PBD/Al 忆阻器的高阻态和低阻态在 2 V 常压下进行了 9.4 h 的连续常压测试,该忆阻器未发生明显的数据衰减现象,表明该忆阻器具有较好的稳定性。在电双稳态忆阻器中,开关电流比足够大即可通过精确地控制忆阻器的低阻态和高阻态实现较低的误读率。对忆阻器在连续读脉冲(读电压为 2 V)下的高阻态和低阻态的响应进行了测试,如图 5-9 所示。含 5%噁二唑的 ITO/PVP+PBD/Al 忆阻器的高阻态和低阻态电阻在 200 个连续的读循环下都没有发生明显的变化。常压和脉冲都没有激励出电阻态的转换,因为施加电压低于阈值电压,因此该忆阻器在常压测试和脉冲激励下都能保持稳定。

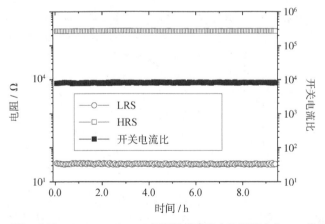

图 5-8　含 5%噁二唑的 ITO/PVP+PBD/Al 忆阻器的高阻态和低阻态在 2 V 常压下的保持特性

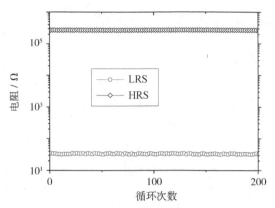

图 5-9　含 5%噁二唑的 ITO/PVP+PBD/Al 忆阻器的高阻态和低阻态在 2 V 脉冲下的耐久特性

5.2.3　含 9%噁二唑的 ITO/PVP+PBD/Al 忆阻器的阻变特性

含 9%噁二唑的 ITO/PVP+PBD/Al 忆阻器也展现了电双稳态特性,其
I-V 曲线如图 5-10 所示。在第一个电压扫描过程中,电压从 0 V 扫描到
-4 V,在达到阈值电压-1.6 V 时电流突然地增大,将忆阻器从高阻态转换
到低阻态。在第二个电压扫描过程中,电压从 0 V 扫描到-4 V,忆阻器保持
在低阻态。在-1.6~0 V 的电压范围内观察到了明显的电双稳态,忆阻器的开
关电流比大于 10^4,采用-0.8 V 的电压读忆阻器的关态信号(数据写入之前)
和开态信号(数据写入之后)。在第三个电压扫描过程中,电压从 0 V 扫描到
6 V,忆阻器保持在低阻态。实验结果表明,含 9%噁二唑的 ITO/PVP+PBD/Al
忆阻器展现了非易失性 WORM 存储特性,转换至低阻态后不可再写。

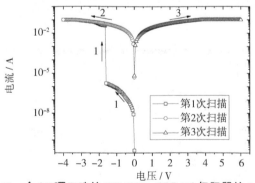

图 5-10　含 9%噁二唑的 ITO/PVP+PBD/Al 忆阻器的 I-V 曲线

　　图 5-11 为含 9%噁二唑的 ITO/PVP+PBD/Al 忆阻器的高阻态和低阻态在 -0.8 V 常压下的保持特性。测试之前,将忆阻器转换至高阻态或者低阻态,在 -0.8 V 常压下,在长达 10.8 h 的时间内并未发现高阻态或者低阻态发生明显的变化。该忆阻器在 -0.8 V 的脉冲条件下可在 100 个连续的读循环下保持稳定,如图 5-12 所示。

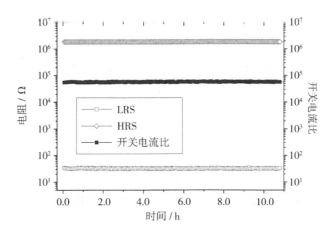

图 5-11　含 9%噁二唑的 ITO/PVP+PBD/Al 忆阻器的
高阻态和低阻态在 -0.8 V 常压下的保持特性

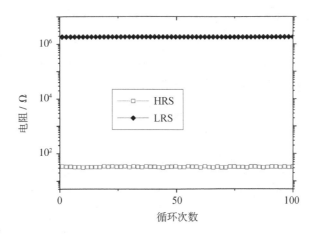

图 5-12　含 9%噁二唑的 ITO/PVP+PBD/Al 忆阻器的
高阻态和低阻态在 -0.8 V 脉冲下的耐久特性

5.2.4　含 14% 噁二唑的 ITO/PVP+PBD/Al 忆阻器的阻变特性

进一步增加复合薄膜中噁二唑的含量,观察到了忆阻器的绝缘特性。含 14% 噁二唑的 ITO/PVP+PBD/Al 忆阻器的 I-V 曲线展现了单一的高阻态,没有电导转换行为发生,如图 5-13 所示。

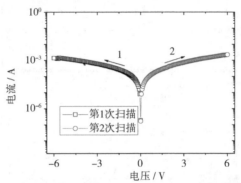

图 5-13　含 14% 噁二唑的 ITO/PVP+PBD/Al 忆阻器的 I-V 曲线

5.2.5　噁二唑含量对忆阻器特性的影响

噁二唑在复合材料中的含量能够对忆阻器的多种特性产生影响,包括关态电流、开关电流比以及开启电压。如图 5-14 和 5-15 所示,忆阻器的关态电流随着噁二唑含量从 0% 增加到 9% 而降低了 2 个数量级。同时,随着噁二唑含量的增加,忆阻器的开关电流比呈现增大的趋势。电双稳态忆阻器的开启电压也随着噁二唑含量的增加而增加。

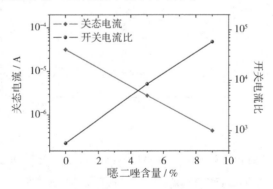

图 5-14　噁二唑在复合材料中的含量对关态电流以及开关电流比(-0.8 V 电压下)的影响

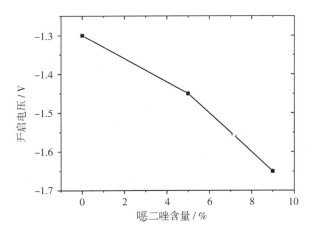

图 5-15　噁二唑在复合材料中的含量对开启电压的影响

当噁二唑在复合材料中的含量从 0% 增加至 14% 时,忆阻器的存储特性如表 5-1 所示。忆阻器随着噁二唑含量的不断增加展现了不同的存储特性,包括可再写的快闪存储特性、WORM 存储特性以及绝缘特性。

表 5-1　聚乙烯苯酚噁二唑忆阻器的存储特性

聚乙烯苯酚 噁二唑复合薄膜	聚乙烯苯酚	含 5% 噁二唑	含 9% 噁二唑	含 14% 噁二唑
存储特性	可再写的快闪	可再写的快闪	WORM	绝缘

5.2.6　载流子传输机制与导电模型分析

载流子传输机制可以依据不同的理论模型通过拟合 $I-V$ 曲线来描述。噁二唑在复合材料中的含量较低,聚乙烯苯酚才是该复合材料的主体,而聚乙烯苯酚是不稳定的绝缘材料,该材料中含有较深的陷阱,这些陷阱来自于聚乙烯苯酚中大量的羟基,这些羟基使得陷阱在外加电压下不断地被电荷注入,这种现象在基于聚乙烯苯酚制备的有机存储器件中相当常见。

ITO/PVP/Al 忆阻器和含不同含量噁二唑的 ITO/PVP+PBD/Al 忆阻器 $I-V$ 曲线的低阻态线性拟合可以利用欧姆模型,如图 5-16 所示。

ITO/PVP/Al 忆阻器和含不同含量噁二唑的 ITO/PVP+PBD/Al 忆阻器 I-V
曲线的高阻态线性拟合如图 5-17、5-18 和 5-19 所示,在低电压区域,拟合
斜率均接近于 1(分别为 1.02,1.08 和 1.03),这说明忆阻器在低电压区域遵
循欧姆定律。在中电压和高电压区域,曲线变得越来越陡,拟合斜率均大于
2,这种载流子传输特性遵循陷阱控制的空间电荷限制电流机制。斜率在高
阻态的变化说明在聚乙烯苯酚中添加噁二唑后产生了更多的电荷陷阱,引
入的电荷陷阱降低了高阻态的电流。

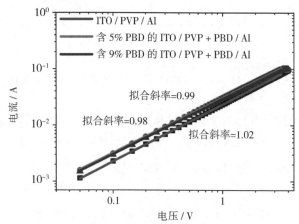

图 5-16 ITO/PVP/Al 忆阻器和含不同含量噁二唑的
ITO/PVP+PBD/Al 忆阻器 I-V 曲线的低阻态线性拟合

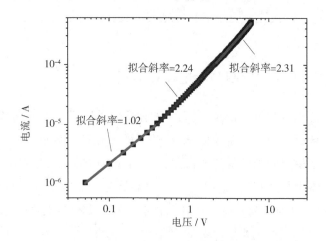

图 5-17 ITO/PVP/Al 忆阻器 I-V 曲线的高阻态线性拟合

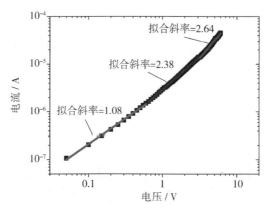

图 5-18　含 5% 噁二唑的 ITO/PVP+PBD/Al 忆阻器 *I–V* 曲线的高阻态线性拟合

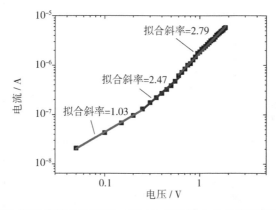

图 5-19　含 9% 噁二唑的 ITO/PVP+PBD/Al 忆阻器 *I–V* 曲线的高阻态线性拟合

为了进一步理解 ITO/PVP+PBD/Al 忆阻器的阻变机制,我们对该忆阻器高阻态和低阻态的电阻对温度的依赖关系进行了测试。由于有机材料对高温的耐受能力较弱,因此温度的变化范围选定在 293.5 ~ 373.5 K。ITO/PVP/Al 忆阻器和 ITO/PVP+PBD/Al 忆阻器高阻态和低阻态的电阻对温度的依赖关系如图 5-20 和 5-21 所示。ITO/PVP/Al 忆阻器和 ITO/PVP+PBD/Al 忆阻器低阻态的电阻随着环境温度的升高而增加,表明 ITO/PVP/Al 忆阻器和 ITO/PVP+PBD/Al 忆阻器低阻态具有金属特性。高阻态的电阻随着环境温度的升高而降低,表明 ITO/PVP/Al 忆阻器和 ITO/PVP+PBD/Al 忆阻器高阻态具有半导体特性。

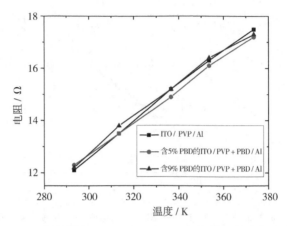

图5-20 ITO/PVP/Al忆阻器和ITO/PVP+PBD/Al忆阻器低阻态电阻对温度的依赖关系

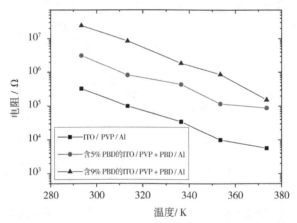

图5-21 ITO/PVP/Al忆阻器和ITO/PVP+PBD/Al忆阻器高阻态电阻对温度的依赖关系

图5-22为含不同含量噁二唑的噁二唑与聚乙烯苯酚复合溶液的紫外吸收光谱。随着噁二唑含量从0%增加到14%,复合溶液吸收峰的强度不断增大,这为与电荷转移相关的转换机制——客体添加物与基体间的相互作用提供了佐证。

当在ITO/PVP/Al忆阻器的顶部铝电极上施加一个负向偏置电压时,载流子被注入到聚合物薄膜中并被聚乙烯苯酚中的陷阱俘获,被俘获的电子将在聚乙烯苯酚和顶部铝电极的界面处产生一个空间电荷层。观察到的明显的阻变行为与类似于肖特基耗尽层电荷的俘获和游离有关。当负向电压偏低时,载流子没有足够的能量从陷阱中逃脱。在阈值电压附近,大多数陷阱被载流子填充,聚乙烯苯酚薄膜中存在无陷阱的环境,载流子的渗透路径形成,将忆阻器从高阻态转换至低阻态。由于较深的陷阱源于聚乙烯苯酚中大量的羟基群,载流子被牢固地俘获在羟基群中,并被聚乙烯苯酚基体稳定住。当在顶部铝电极上施加足够大的正向偏置电压时,聚乙烯苯酚与顶部铝电极界面处的空间电荷层消失,聚乙烯苯酚中俘获的电子将会被注入的空穴中和或抽出,将忆阻器转换至初始的高阻态。

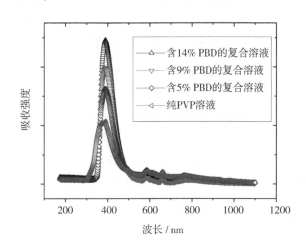

图 5-22　含不同含量噁二唑的噁二唑与聚乙烯苯酚复合溶液的紫外吸收光谱

当聚乙烯苯酚噁二唑复合薄膜被电场激发后,载流子可在两个电极间传输和游离。因此,该忆阻器的存储特性会依据噁二唑的含量从快闪到WORM,最终转换至绝缘。对于含 9%噁二唑的复合薄膜来说,噁二唑较高的电子亲和性使得电荷很难再结合。当噁二唑的含量增加时,噁二唑将会降低分子中电子的密度,使得薄膜的电学稳定性有所增强。当场致电荷转移载流子的游离隧穿发生在整个复合薄膜中时,依据噁二唑的载荷率就会产生非易失性快闪/WORM 存储特性。

实验结果表明,忆阻器的阻变特性与添加物客体在聚合物主体中的含量密切相关。限制载流子往回传输的能力对于判断忆阻器处于何种存储特性而言极为重要。含 5%噁二唑的忆阻器展现了快闪存储特性,转换的开关过程可通过施加负向/正向偏置电压实现,因为在施加这样的电压时,电荷发生了再结合和往回传输。这种双极型转换行为说明了转换效应与施加的电场有着极为密切的关系。含有高含量噁二唑的忆阻器展现了 WORM 存储特性可能是源于不可逆的电荷转换。

聚乙烯苯酚的减少和由噁二唑增加带来的电荷陷阱减小了关态电流。由于噁二唑具有较强的电子亲和能力,电子被噁二唑俘获并稳定在聚乙烯苯酚基体中,因此即使关掉电源,噁二唑仍旧俘获着载流子并保持带电状态。所以复合薄膜保持着低阻态(陷阱被填充),导致了电双稳态忆阻器的非易失性本质。当施加足够大的正向偏压时,在有机材料和电极界面处形成的空间电荷层消失了,噁二唑俘获的电荷将会被中和或抽出。结果含 5%噁二唑的 ITO/PVP+PBD/Al 忆阻器回到了初始的高阻态,形成了可再写的快闪存储特性。

对于含 9%噁二唑的 ITO/PVP+PBD/Al 忆阻器而言,苯酚环的构造和噁二唑的连接不是一个平面结构,这可能会阻挡电荷往回传输,有利于电荷传输的稳定。当施加正向偏压时,外加电场与聚合物空间电压层产生的内建电场方向相反,内建电场可以阻止俘获的电荷被中和或抽出。因此,忆阻器保持在低阻态并具有 WORM 存储特性。

5.3   本章小结

在聚乙烯苯酚基体中掺杂了噁二唑,并将该复合材料用于功能层,制备了含不同含量噁二唑的聚乙烯苯酚噁二唑忆阻器。实验结果表明,含 5%噁二唑的忆阻器展现了快闪存储特性;含 9%噁二唑的忆阻器展现了 WORM 存储特性;含 14%噁二唑的忆阻器展现了绝缘特性。噁二唑含量从 0%增加到9%时,复合薄膜的关态电流减小了 2 个数量级。同时,随着噁二唑含量的增加,忆阻器的开关电流比与开启电压均呈现增大的趋势。在 280~380 K 的温度范围内,低阻态电阻随温度的升高而增加,高阻态电阻随温度的升高而降低,表明低阻态具有金属特性,高阻态具有半导体特性。随着噁二唑含量从 0%增加到 14%,复合溶液吸收峰的强度不断增大,验证了客体添加物与基体间的电荷转移,表明含有不同含量噁二唑的忆阻器存储特性的转换与含量不同的噁二唑客体和基体间的电荷转移稳定性有关。

之前两章阐述了噁二唑客体在聚乙烯咔唑基体和聚氨酯基体中所起的

作用。实验结果表明,在聚乙烯咔唑主体中添加噁二唑客体,二者间强烈的电荷转移效应可以极大地提高忆阻器的稳定性、可重复性和参数的一致性。而在聚氨酯基体中添加小分子噁二唑可明显地增大开关电流比,并显著地扩展存储窗口。在之前的工作中,客体在有机薄膜中的共混含量对阻变特性的影响主要体现在稳定性和开关电流比上。主体-客体体系中的客体掺杂水平尽管对忆阻器的阻变特性产生了重要的影响,但在决定主体-客体体系的存储类型上并不起重要作用。在本章中研究发现,在聚乙烯苯酚基体中掺杂不同含量的噁二唑可实现不同非易失性存储类型的转换。

第6章 聚乙撑二氧噻吩：聚苯乙烯磺酸盐基功能层的阻变特性

有机电子器件有机会在未来替代传统半导体器件。近年来有机纳米复合材料存储器件的出现使得它成为下一代存储器件的最佳候选。聚合物材料以及聚合物与碳纳米管的复合材料在有机电子器件中获得了广泛的应用。在报道过的有机存储器件中，有些是将碳纳米结构嵌入聚合物基体中的，碳纳米结构被用作充电和放电岛，在有机薄膜[如聚乙烯咔唑、吡啶、聚乙烯苯酚（PVP）、聚乙撑二氧噻吩：聚苯乙烯磺酸盐（PEDOT：PSS）、聚乙烯醇（PVA）]中掺杂碳纳米结构（如碳纳米管）可有效改进忆阻器的存储特性。这些忆阻器展现了可逆与不可逆的阻变特性，根据其特性的不同，可将其分别应用于易失性和非易失性存储器件中。根据之前的报道可知，将多壁碳纳米管共混在聚合物基体中，当碳纳米管的含量为1%时可观察到WORM存储特性，当碳纳米管的含量增加到2%或3%时可观察到快闪存储特性，当碳纳米管的含量低于0.01%时可观察到易失性存储特性。鉴于目前已经对大量复合聚合物系统阻变特性进行了研究，应该进一步研究混合水平对复合聚合物系统阻变特性的影响，进而研究其对忆阻器性能的影响。

虽然人们对基于碳纳米管制备的阻变存储器进行了大量的报道，但是基于碳纳米管制备的复合材料的某些特性还没有被人们发现。多壁碳纳米管存在在溶剂中的溶解度低和在聚合物中分散困难的缺陷，而功能化（即在碳纳米管表面通过共聚接枝某些聚合物或小分子）可提高碳纳米管在溶剂中的溶解度和在聚合物中的分散性。因此，多数学者采用功能化的多壁碳纳米管作为活性材料。而单壁碳纳米管相对于多壁碳纳米管而言具有直径小、缺陷少和均匀性高等优点，有利于实现存储器件的小型化和稳定性。

本章中，在聚乙撑二氧噻吩：聚苯乙烯磺酸盐基体中共混加入单壁碳纳米管，将该复合材料作为功能层，制备了ITO/PEDOT：PSS+CNTs/Al忆阻器，并研究了该忆阻器的阻变特性。还针对碳纳米管在 PEDOT：PSS 基体中的掺杂水平对 ITO/PEDOT：PSS+CNTs/Al 忆阻器阻变特性的影响进行了研究。

6.1　忆阻器的制备与薄膜的表征

6.1.1　碳纳米管的表征

碳纳米管的外部直径、长度、比表面积和纯度分别为 $1\sim2$ nm、$5\sim30$ μm、450 m^2/g 以及 95%。利用透射电镜观察了碳纳米管的微观结构，如图 6-1 所示。

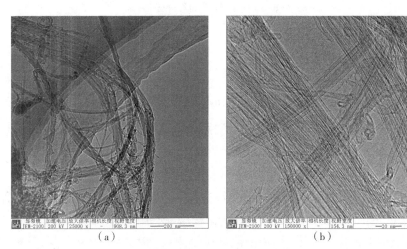

（a）　　　　　　　　　　　　（b）

图 6-1　碳纳米管的透射电镜图

（a）低分辨率；（b）高分辨率

图 6-2 为碳纳米管的红外光谱，红外光谱用于分析碳纳米管中存在的化学键。在 3396 cm^{-1} 处出现了一个吸收峰，该峰来自于 O—H，可能来自于光谱仪中的碳氢污染物。1520 cm^{-1} 处和 1312 cm^{-1} 处较宽的吸收峰来自于 C≡C 和 C—C，1110 cm^{-1} 处的吸收峰来自于 C—O 的伸缩振动。

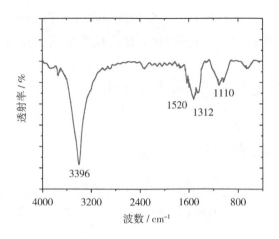

图 6-2　碳纳米管的红外光谱

6.1.2　复合薄膜的制备及表征

　　ITO 玻璃基底的尺寸为 2 cm×1 cm（方块电阻 $R_{\square} = 15\ \Omega$），将其依次在清洁剂、去离子水、丙酮、异丙醇和甲醇中超声清洗 20 min。将清洗后的 ITO 玻璃基底放在 60 ℃的真空烘干箱中烘干 8 h。ITO/PEDOT:PSS+CNTs/Al 忆阻器在 ITO 玻璃基底上制备。PEDOT:PSS+CNTs 复合材料制备流程如下：将碳纳米管溶解在异丙醇中并超声共振 40 min，将超声共振后的碳纳米管与之前过滤（用 0.45 μm 孔径的过滤器）好的 PEDOT:PSS 溶液（2.8%水溶液）共混并超声共振 1 h。不同浓度碳纳米管与 PEDOT:PSS 复合材料的样本如表 6-1 所示。

表 6-1　不同浓度碳纳米管与 PEDOT:PSS 复合材料的样本

样本	碳纳米管/mg	异丙醇/mL	PEDOT:PSS/mL
A	8	1	2
B	5	1	2
C	1	1	2
D	0.3	1	2

最后,将混合好的样本旋涂在 ITO 玻璃基底上,以 700 r/min 的转速旋涂 18 s,然后以 2000 r/min 的转速旋涂 60 s。将旋涂后的复合薄膜放在 70 ℃,压强为 100 Pa 的真空烘干箱中烘干 5 h。顶部铝电极在 $1.0×10^{-4}$ Pa 的压强下利用掩膜法蒸镀在有机薄膜上,电极厚度约为 200 nm,直径为 200 μm。PEDOT:PSS 的分子结构和忆阻器的结构如图 6-3 所示。ITO/PEDOT:PSS+CNTs/Al 忆阻器的电学特性利用连接探针台的 Keithley 4200 型半导体参数分析仪在室温大气环境下进行测量,测量时 ITO/PEDOT:PSS+CNTs/Al 忆阻器没有进行任何封装。对 ITO/PEDOT:PSS+CNTs/Al 忆阻器进行了二端 $I\text{-}V$ 测试,在所有的电学性能测试中底部电极(ITO)接地,电压的扫描步长为 0.05 V。

在顶部铝电极蒸镀之前,对 PEDOT:PSS+CNTs 复合薄膜的横截面利用扫描电镜进行了测量,如图 6-4 所示。从上到下依次是玻璃、ITO 薄膜和 PEDOT:PSS+CNTs 复合薄膜。从图中可以看出,含有不同含量碳纳米管的复合薄膜厚度分别为 59.7 nm、64.6 nm 和 69.4 nm。同时可以清晰地观察到碳纳米管均匀地分布在 PEDOT:PSS 中,碳纳米管较好地融入到了聚合物基体中,要想从 PEDOT:PSS 基体中区分出单个碳纳米管是非常困难的。PEDOT:PSS 和碳纳米管实现了较好的共混。

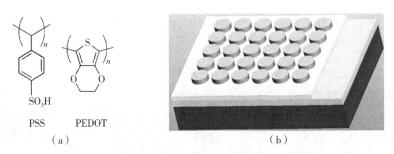

PSS   PEDOT

(a)   (b)

图 6-3 PEPOT:PSS 的分子结构图和忆阻器的示意图

(a)PEDOT:PSS 的分子结构图;

(b)ITO/PEDOT:PSS+CNTs/Al 三明治结构的忆阻器示意图

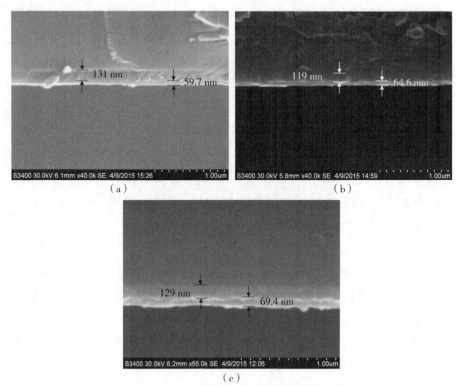

图 6-4　复合薄膜的横截面扫描电镜图

（a)样本 A；（b) 样本 B；（c) 样本 C

图 6-5 为碳纳米管嵌入 PEDOT:PSS 基体中的透射电镜图。从图中可以看出，碳纳米管随机分布在 PEDOT:PSS 基体中，超声工艺使碳纳米管的长度缩短了，表明两种材料实现了较好的共混。

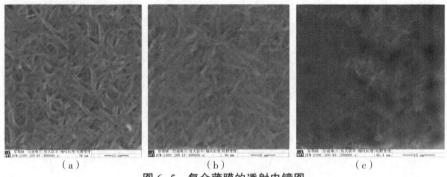

图 6-5　复合薄膜的透射电镜图

（a)样本 A；(b)样本 B；(c)样本 C

6.1.3 PEDOT∶PSS+CNTs 复合材料的表征

6.1.3.1 热重分析

利用热重分析法对 PEDOT∶PSS+CNTs 复合材料的热学特性进行了分析。基于不同样本制备的溶液在 80 ℃的真空烘干箱中烘干 36 h,然后将形成的薄膜碾碎用于热重分析。纯 PEDOT∶PSS 材料及其复合材料的典型热重分析曲线如图 6-6 所示。升温速度设置为 10 ℃/min,在大气环境下当温度升高至 280 ℃时,复合材料几乎没有热损失,展现了良好的热稳定性。当温度分别达到 310 ℃、299 ℃、294 ℃ 和 281 ℃时,样本 A、B、C、D 分别出现了 10%的热损失。因此,复合材料的耐热特性明显优于纯 PEDOT∶PSS 材料,这源于碳纳米管具有良好的热学特性。复合材料优秀的热学特性对制备存储器件而言是有利的,因为存储器件在运行过程中将会释放大量的热量。

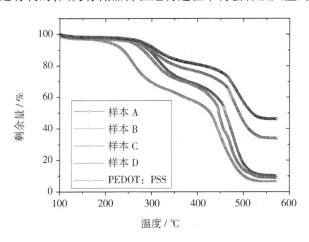

图 6-6　纯 PEDOT∶PSS 材料及 PEDOT∶PSS+CNTs 复合材料的热重分析图

6.1.3.2 PEDOT∶PSS+CNTs 复合薄膜的初始电导率

PEDOT∶PSS+CNTs 复合薄膜的初始电导率如图 6-7 所示,复合薄膜的电导率随着碳纳米管含量的增加而升高。从 PEDOT∶PSS+CNTs 复合薄膜的电导率可以看出,复合材料为半导体(半导体的电导率介于 $10^{-6} \sim 10^{8} \ \Omega \cdot m$ 之间)。

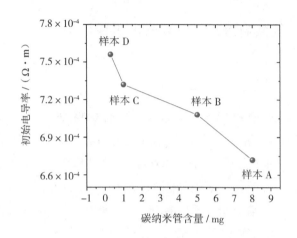

图 6-7   PEDOT:PSS+CNTs 复合薄膜的初始电导率

6.2   阻变特性分析

按照表 6-1 改变共混到 PEDOT:PSS 溶液中的碳纳米管含量。含不同含量碳纳米管的 ITO/PEDOT:PSS+CNTs/Al 忆阻器展现了基本相同的电学特性,而碳纳米管含量低的忆阻器不具有电双稳态,只具有高阻态。

6.2.1   基于样本 A 制备的 ITO/PEDOT:PSS+CNTs/Al 忆阻器的阻变特性分析

基于样本 A 制备的 ITO/PEDOT:PSS+CNTs/Al 忆阻器的 I-V 曲线如图 6-8 所示。忆阻器初始处于低阻态,在第一个电压扫描过程中,电压从 0 V 扫描到-8 V,起初电流随着电压的升高而增大,直到电压达到-6.05 V 时,电流突然下降了几个数量级,将忆阻器永久地转换为高阻态。在之后的电压扫描过程中,电压从 0 V 扫描到-8 V,又从 0 V 扫描到 8 V,忆阻器始终保持在高阻态,因此,该忆阻器具有 WORM 存储特性。值得注意的是,当首次施加电压,电压从 0 V 扫描到 8 V 时,电流在电压为 6.85 V 时突然减小,且在随后的电压扫描过程中该忆阻器同样始终保持在高阻态。开关电流比与阈值电压的大小与负偏置电压所产生的转换过程相当,说明基于样本 A 制备的存储器件具有双向可转换的 WORM 存储特性。

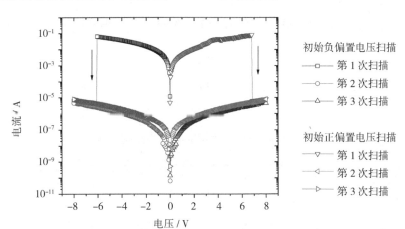

图 6-8　基于样本 A 制备的 ITO/PEDOT:PSS+CNTs/Al 忆阻器的 I–V 曲线

　　为了测试忆阻器的保持特性,在 -4 V 常压下对基于样本 A 制备的 ITO/PEDOT:PSS+CNTs/Al 忆阻器的高阻态和低阻态进行了连续常压测试,如图 6-9 所示。该忆阻器的高阻态和低阻态电流可以保持 3.3 h 以上,-4 V 常压下的开关电流比约为 $5×10^4$。在 -4 V 电压脉冲下对忆阻器的耐久特性进行了测量(脉冲周期为 2 ms,脉冲宽度为 1 ms),如图 6-10 所示。该忆阻器的低阻态和高阻态电流在 200 个连续的读循环下几乎没有发生衰减。

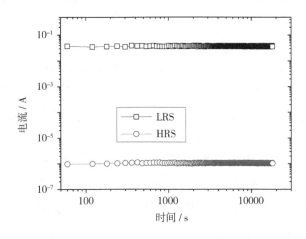

图 6-9　基于样本 A 制备的 ITO/PEDOT:PSS+CNTs/Al 忆阻器的高阻态和低阻态的保持特性

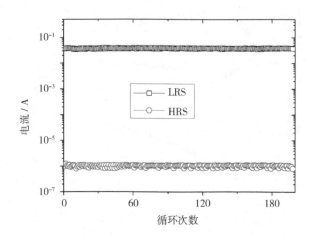

图 6-10　基于样本 A 制备的 ITO/PEDOT:PSS+CNTs/Al 忆阻器的高阻态和低阻态的耐久特性

6.2.2　基于样本 B 和 C 制备的 ITO/PEDOT:PSS+CNTs/Al 忆阻器的阻变特性分析

　　基于样本 B 和 C 制备的 ITO/PEDOT:PSS+CNTs/Al 忆阻器的 I-V 曲线与基于样本 A 制备的 ITO/PEDOT:PSS+CNTs/Al 忆阻器的 I-V 曲线相似,说明这几种忆阻器都展现了明显的电双稳态特性。随着碳纳米管在 PEDOT:PSS 基体中的含量逐渐减少,关态电流逐渐增大,关态电流的增大降低了开关电流比,增加了误读率,这不利于维持忆阻器性能的稳定。

　　如图 6-11 所示,基于样本 B 制备的 ITO/PEDOT:PSS+CNTs/Al 忆阻器在电压为-6 V(首次扫描采用负偏置电压)和 7.10 V(首次扫描采用正偏置电压)时发生电流的转换现象,该忆阻器展现了双向可转换的 WORM 存储特性,但开关电流比降低为 5×10^3。基于样本 B 制备的 ITO/PEDOT:PSS+CNTs/Al 忆阻器的保持特性在-4 V 常压下进行测量,如图 6-12 所示。高阻态和低阻态的电流在-4 V 常压下可保持 3.3 h 以上。基于样本 B 制备的 ITO/PEDOT:PSS+CNTs/Al 忆阻器的耐久特性测试如图 6-13 所示。该忆阻器的高阻态和低阻态电流在 200 个连续的读循环下几乎没有发生衰减。

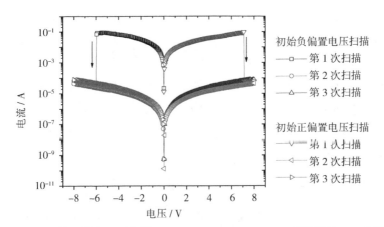

图 6-11 基于样本 B 制备的 ITO/PEDOT:PSS+CNTs/Al 忆阻器的 *I-V* 曲线

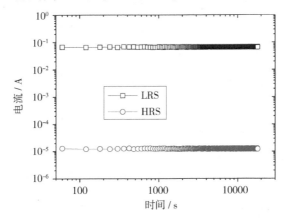

图 6-12 基于样本 B 制备的 ITO/PEDOT:PSS+CNTs/Al 忆阻器的高阻态和低阻态的保持特性

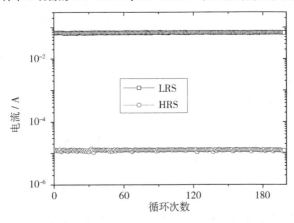

图 6-13 基于样本 B 制备的 ITO/PEDOT:PSS+CNTs/Al 忆阻器的高阻态和低阻态的耐久特性

基于样本 C 制备的 ITO/PEDOT:PSS+CNTs/Al 忆阻器也展现了双向可转换的 WORM 存储特性。如图 6-14 所示,该忆阻器的阈值电压为 −5.90 V 和 7.05 V,开关电流比为 $2×10^2$。在 −4 V 常压下基于样本 C 制备的 ITO/PEDOT:PSS+CNTs/Al 忆阻器的保持特性如图 6-15 所示,在 3.3 h 内,每隔 60 s 分别测一次高阻态和低阻态电流,在整个测量过程中开关电流比都大于 2 个数量级。基于样本 C 制备的忆阻器的耐久特性测试如图 6-16 所示。

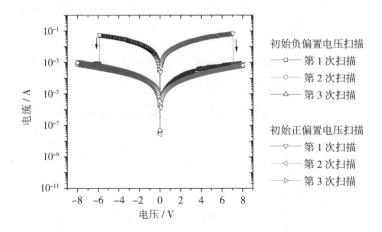

图 6-14　基于样本 C 制备的 ITO/PEDOT:PSS+CNTs/Al 忆阻器的 I-V 曲线

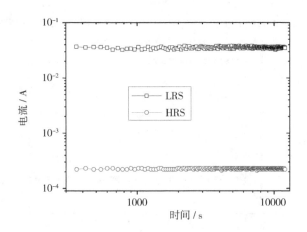

图 6-15　基于样本 C 制备的 ITO/PEDOT:PSS+CNTs/Al 忆阻器的高阻态和低阻态的保持特性

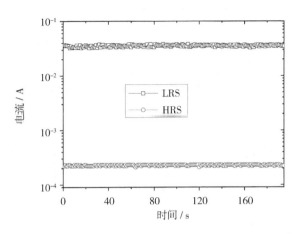

图 6-16 基于样本 C 制备的 ITO/PEDOT:PSS+CNTs/Al 忆阻器的高阻态和低阻态的耐久特性

6.2.3 基于样本 D 制备的 ITO/PEDOT:PSS+CNTs/Al 忆阻器的 阻变特性分析

进一步降低忆阻器中碳纳米管的含量会导致复合薄膜电导率明显增加。基于样本 D 制备的 ITO/PEDOT:PSS+CNTs/Al 忆阻器展示了单一的电导态,如图 6-17 所示。

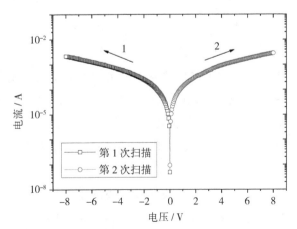

图 6-17 基于样本 D 制备的 ITO/PEDOT:PSS+CNTs/Al 忆阻器的 I–V 曲线

6.2.4 碳纳米管含量对忆阻器特性的影响

复合薄膜中碳纳米管的含量对忆阻器特性的影响包括关态电流和开关电流比,如图 6-18 所示。复合薄膜关态电流随着碳纳米管含量的增加而减小了 3 个数量级;开关电流比随着碳纳米管含量的增加而增大了 4 个数量级。

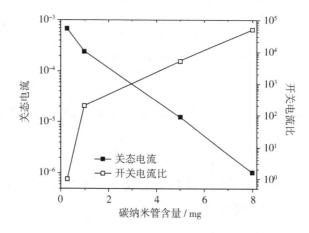

图 6-18 ITO/PEDOT:PSS+CNTs/Al 忆阻器在-4 V 电压下的关态电流和开关电流比

6.2.5 阻变机制与导电模型分析

随着碳纳米管含量的减少,忆阻器的关态电流明显增大,开关电流比明显减小,这可能源于阻变机制的不同。为了找到关态电流随碳纳米管含量减少而增大的原因,我们在双对数坐标系中绘制了该忆阻器低阻态和高阻态的 I-V 曲线,并对其进行了线性拟合。我们进一步分析了所测得的 I-V 曲线,用多种导电模型分析了忆阻器的阻变特性。

图 6-19 为双对数坐标系中 ITO/PEDOT:PSS+CNTs/Al 忆阻器低阻态和高阻态的 I-V 曲线的线性拟合。为了更好地拟合斜率,找出电流与电压间最恰当的关系,某些电导态的斜率被分成了两部分进行拟合。基于不同样本制备的忆阻器的所有低阻态都遵循由热载流子激发的欧姆定律。曲线的拟合斜率分别为 1.02、1.06、1.07 和 1.09,都非常接近于 1,这说明在低阻态

电流与电压间的关系遵循欧姆定律,忆阻器处于低阻态时,形成了导电路径。对于忆阻器的高阻态来说,曲线变得越来越陡,曲线的拟合斜率分别为1.82、1.54、1.22 和 1.40。依据陷阱控制的空间电荷限制电流机制,这个区域遵循 Child's 定律,在这个过程中发生了电荷的积累,电荷的积累可能与金属–有机物半导体界面陷阱态的产生有关。铝原子在顶部电极热蒸发的过程中扩散到功能层,形成了施主杂质能带,导致了电流的传导。因此,金属–半导体异质结因俘获电子而发生了能带的弯曲,这些发现与之前的报道一致。

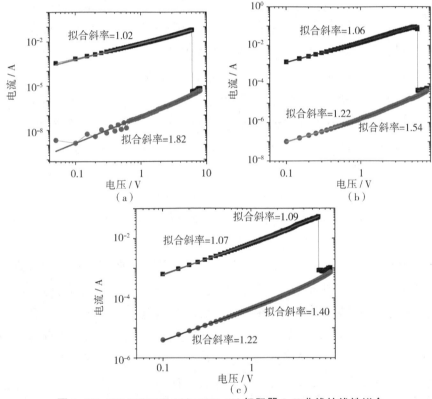

图 6-19　ITO/PEDOT:PSS+CNTs/Al 忆阻器 *I-V* 曲线的线性拟合
(a)基于样本 A 制备的忆阻器;(b)基于样本 B 制备的忆阻器;
(c)基于样本 C 制备的忆阻器

通过以上的分析可以得出结论,该忆阻器低阻态和高阻态的导电行为是完全不同的。低阻态的导电行为源于导电路径的形成,而高阻态的导电行为更像均匀分布的体效应,电流与电压的依赖关系近似为 $I \propto V^2$。另外,与低阻态相比,高阻态的拟合斜率更大,同时,高阻态斜率的分布范围更广,高阻态斜率的变化说明更多的电荷陷阱被添加到 PEDOT:PSS+CNTs 的共混物中。碳纳米管更像是电子的俘获中心和电子的传输机,因此,碳纳米管的减少以及由碳纳米管产生的电荷陷阱的减少将会增大高阻态的电流。PEDOT 是一种 p 型有机材料(PEDOT$^+$),这意味着电荷传输是通过空穴实现的。当在电极上施加电压后,电子被注入到复合薄膜中,并被碳纳米管俘获,被俘获的电子将会在顶部电极附近产生反向空间电场。

在 ITO 电极上旋涂 PEDOT:PSS+CNTs 复合材料将会导致碳纳米管在 PEDOT:PSS 基体中随机取向并形成三维的导电网络。所以,电荷载流子的俘获和载流子在碳纳米管内部的跃迁与邻近碳纳米管间的有效距离以及碳纳米管的浓度有关。随着碳纳米管含量的增加,碳纳米管间的有效距离将明显缩短。当碳纳米管间的有效距离明显缩短,甚至小于单个碳纳米管的直径时,将非常有利于碳纳米管间的电荷跃迁,进而形成连续的导电路径。此时将会有大量的电子通过已形成的导电路径传输,导致较少的电荷载流子在转换前被俘获。当碳纳米管含量较高时,将会在整个复合薄膜中提供大量的电子导电路径。然而,当碳纳米管间的有效距离远远大于碳纳米管的直径时,在 PEDOT:PSS 基体中的电子跃迁将会变得相当困难,形成的电子导电路径将会消失。

基于样本 A、B 和 C 制备的忆阻器含有更多的碳纳米管,碳纳米管紧密地堆叠在有机薄膜中形成了连续的导电路径。在初始的高阻态,电子没有足够的能量逃脱陷阱的俘获,高阻态较大的开态电流归因于碳纳米管形成的导电路径,这种导电行为类似于在 Al/聚乙烯咔唑/Al 忆阻器中 Al 导电细丝的形成。当施加外部偏置电压后,无论偏置电压的极性如何,电荷都能通过连续的导电路径流过,并将忆阻器保持在低阻态。大量的电荷流过形成的导电路径会产生大量的热量,当外部偏置电压超过某个值时,注入的电荷数量将会超过导电路径的容纳能力,产生的热量将会使导电路径爆破,从而将忆阻器转换到高阻态。一旦导电路径因焦耳热被爆破后,导电路径将很难再形成,或者导电细丝的形成速率远低于它们被爆破的速率。所以,焦耳热所致的导电路径的爆破将忆阻器永久地转换到高阻态。PEDOT:PSS 基体包裹着的碳纳米管控制着俘获的电荷载流子,甚至切断电源供应后带电状态仍旧保持着。因此,复合薄膜保持在高阻态,形成了非易失性电双稳态的存储特性。基于样本 D 制备的忆阻器中碳纳米管的含量较少,单个碳纳米管间的有效距离较大,载流子沿着导电路径的跃迁变得极为困难,因此忆阻器保持在高阻态。

6.3 本章小结

本章中,在 PEDOT:PSS 基体中掺杂了碳纳米管,并将该复合材料作为功能层制备了 ITO/PEDOT:PSS+CNTs/Al 忆阻器。采用透射电镜和红外光谱对碳纳米管进行了表征,利用透射电镜、四探针测量仪和热重分析法对 PEDOT:PSS 与碳纳米管复合薄膜进行了表征。实验结果表明,随着在 PEDOT:PSS 基体中碳纳米管含量的增加,关态电流呈现减小趋势,开关电流比呈现增加趋势。因此,通过改变在 PEDOT:PSS 基体中碳纳米管的含量可以实现对 ITO/PEDOT:PSS + CNTs/Al 忆阻器开关电流比的调制。在 ITO/PEDOT:PSS+CNTs/Al 忆阻器中发现了擦一次、读多次的非易失性 WORM 存储特性,该忆阻器的阻变机制为碳纳米管导电网络中导电通道的热熔断。

第7章　甲基丙烯酸环氧树脂基
功能层的阻变特性

近年来,有机阻变存储器件受到了越来越多的关注。有机材料具有很多优点,包括良好的加工性能与机械弹性、质量轻、成本低以及存在对分子结构进行设计的可能性,这些优点使其成为开发下一代存储器件所用材料的优秀候选者。阻变存储器件主要利用可逆的阻变特性在不同的电阻态之间写、擦信息。如今,大多数有机存储器件都是由两个电阻态,即高阻态和低阻态组成的二元系统。人们对高密度数据存储的巨大需求激发了研究学者对多电平阻变存储的研究热潮。电阻的多电平可调性为单个单元多位存储提供了解决方案,使得通过小规模实现高密度数据存储成为可能。

聚合物基体与具有较强电学特性的纳米材料协同组合具有很多优势,例如能够实现便利的溶液加工、较大的机械弹性以及通过改变材料成分实现电阻可调性。为成功制造可靠的纳米复合材料阻变存储器件,电荷俘获材料在聚合物基体中的均匀分布是至关重要的。

碳纳米管具有独一无二的电学特性、机械特性以及化学特性,使得其在存储器件的制造中备受瞩目。碳纳米管可通过共价键与聚合物基体进行共价修饰,共价修饰的主要缺点是碳纳米管中扩展的结合键将会被打乱,并对材料的电学特性产生负面影响,因为每一个共价修饰键都会将电子分散开。因此,将聚合物与碳纳米管共混合成复合材料是一个较好的解决方法。近年来,研究学者对碳纳米管与多种聚合物的复合材料进行了尝试。Liu 课题组发现通过控制碳纳米管在聚乙烯咔唑中的含量,具有三明治结构的ITO/PVK+CNT/Al 忆阻器展现了绝缘特性、电双稳态的电学特性(WORM 和快闪存储特性)以及导体特性。最近,通过在聚乙烯醇中共混不同含量的碳纳米管,Pandurangan 等人报道了具有绝缘特性、WORM 存储特性、快闪存储特性以及导体特性的忆阻器。而且,通过在 F12TPN 中掺杂 1%的碳纳米管就可以改进忆阻器的 WORM 存储特性。Hümmelgen 等人报道了在导电聚合物基体(PEDOT:PSS)中掺杂碳纳米管构成的复合材料具有易失性电双稳态存储特性。虽然人们对掺杂碳纳米管的聚合物复合材料的阻变特性进行了广泛的研究,但基于该材料多电平的阻变特性到目前为止还没有被报道过。

　　本章中,将绝缘的聚合物甲基丙烯酸环氧树脂作为聚合物基体,将碳纳米管与其进行共混,将该复合材料作为功能层,并对其阻变特性进行了研究。选择甲基丙烯酸环氧树脂作为聚合物基体是因为该材料具有易于加工与便于成膜的优点,且该材料被认为是与碳纳米管共混的优秀基体材料。与其他的聚合物基体材料相比,由于碳纳米管在甲基丙烯酸环氧树脂中能够较好地分散,因此可有效避免碳纳米管的共价修饰。在本章中,对甲基丙烯酸环氧树脂与多壁碳纳米管共混复合材料的多电平阻变特性进行了报道。制备的 ITO/EMAR+CNTs/Al 忆阻器展现了可再写的非易失性存储特性,且具有良好的保持特性和耐久特性。

7.1　忆阻器的制备与薄膜的表征

7.1.1　碳纳米管的微观结构表征

　　碳纳米管的外部直径、长度、比表面积以及纯度分别为 5 ~ 11 nm、2 ~ 10 μm、233 m^2/g 和 95%。利用透射电镜观察了碳纳米管的微观结构,图 7-1 为碳纳米管的透射电镜图。

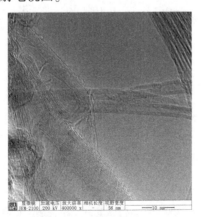

图 7-1　碳纳米管的透射电镜图

7.1.2 忆阻器的制备与复合材料表征

将尺寸为 2 cm×1 cm（方块电阻 $R_\square = 6 \sim 9\ \Omega$）的 ITO 玻璃基底依次在去离子水、丙酮、异丙醇中超声清洗 20 min。不同混合比的 EMAR+CNTs 复合材料按如下步骤制备：将甲基丙烯酸环氧树脂的丙酮溶液（5 mg/mL）与碳纳米管的异丙醇溶液（5 mg/mL）共混，之后超声共振 40 min 形成一致的分散液，然后将该溶液旋涂在 ITO 玻璃基底上，以 900 r/min 的速度旋涂 18 s，然后以 4000 r/min 的速度旋涂 60 s。将旋涂后的复合薄膜放入温度为 60 ℃，压强为 100 Pa 的真空烘干箱中烘干 8 h。甲基丙烯酸环氧树脂与碳纳米管复合薄膜的厚度为 82 nm±5 nm。然后，在 1.0×10^{-4} Pa 压强下利用掩膜法将顶部铝电极蒸镀到有机复合薄膜上，沉积速率为 3~5 Å/s，顶部铝电极厚度约为 300 nm，直径为 200 μm。

ITO/EMAR+CNTs/Al 忆阻器的电学特性在大气环境与室温下利用 Keithley 4200 型半导体参数分析仪与探针台相连进行测量，并进行了二端的 I-V 测试，在所有的电学性能测试中底部电极（ITO）接地。探针尖与顶部电极的过紧接触将会导致功能层厚度减小，甚至会损毁忆阻器。虽然较厚的顶部电极可有效避免上述问题的发生，但探针尖与顶部电极的轻度接触对于保证性能测试的可靠和稳定仍是至关重要的。甲基丙烯酸环氧树脂（$M_W = 2400$）的分子结构以及 ITO/EMAR+CNTs/Al 忆阻器的结构示意图如图 7-2 所示。

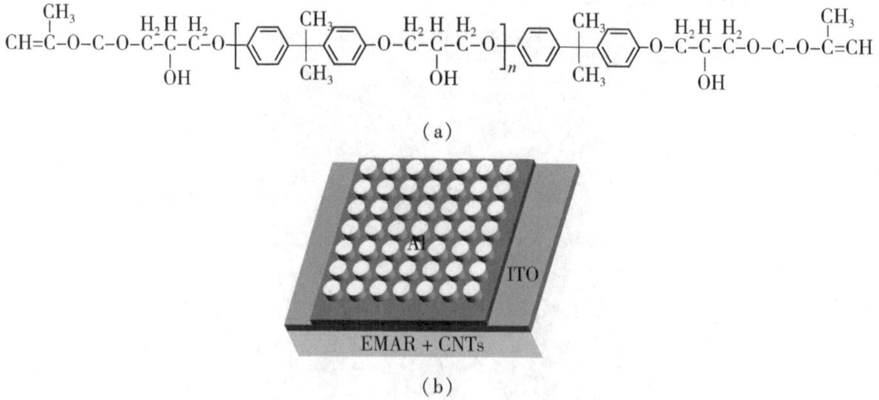

(a)

(b)

图 7-2 甲基丙烯酸环氧树脂的分子结构图和忆阻器的示意图

(a)甲基丙烯酸环氧树脂的分子结构图;(b)ITO/EMAR+CNTs/Al 三明治结构的忆阻器示意图

图 7-3 为不同碳纳米管含量的甲基丙烯酸环氧树脂与碳纳米管复合材料的透射电镜图。从图中可以看出,客体碳纳米管随机地分布在甲基丙烯酸环氧树脂基体中。

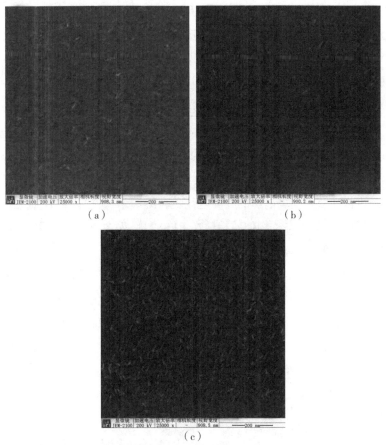

图 7-3　甲基丙烯酸环氧树脂与碳纳米管复合材料的透射电镜图

(a)碳纳米管含量为 0.8%；(b)碳纳米管含量为 2.3%；(c)碳纳米管含量为 4%

7.2　阻变特性分析

ITO/EMAR+CNTs/Al 忆阻器展现了三稳态存储特性,即低阻态(LRS)、高阻态(HRS)和中间阻态(IRS)。多电平的忆阻器可以存储大于 2 位的数据,这将使高密度数据存储成为可能。

7.2.1　复合薄膜的阻变特性

电压扫描序列为:从 0 V 到−6 V、从 0 V 到−6 V、从 0 V 到 6 V、从 0 V 到 6 V,扫描步长为 0.05 V。如图 7−4 所示,起初忆阻器处于高阻态,当施加在顶部电极的负电压逐渐升高时,电流也逐渐增大。在这个过程当中可以清晰地观察到两次电流突变,每次电流突变都伴随着一个稳定的电导态。第一次电流突变发生在电压为−0.95 V 时,电流从 $1.7×10^{-5}$ A 突然增大到 $2.5×10^{-4}$ A,随后伴随着一段约为 $4.2×10^{-4}$ A 的稳定电流并保持在中间阻态。第二次电流突变发生在电压为−2.15 V 时,电流从 $4.2×10^{-4}$ A 突然增大到 $4.5×10^{-2}$ A,随后伴随着一个稳定的电导态。以上是 SET 过程,将忆阻器转换到低阻态。SET过程不止一次,表明忆阻器中不止一次出现了固有的低阻态。当忆阻器达到最终的低阻态以后,随着电压的升高电流不再继续增大,忆阻器在第二次电压扫描时仍保持在低阻态。相似的特性在 RESET 过程中也可以观察到,在第三次电压扫描时,随着电极的正电压不断升高,电流在电压为 3.6 V 时发生突变,从 $9.3×10^{-2}$ A 减小到 $1.2×10^{-3}$ A,随后伴随着一段稳定电流并保持在中间阻态。随着正电压继续升高,电流又在电压为 5.2 V 时发生突变,从 $2.1×10^{-4}$ A 减小到 $2.3×10^{-5}$ A,将忆阻器转换到高阻态。这种多态的 RESET 过程,最终将忆阻器转换到高阻态。这个过程可以重复多个循环,说明该忆阻器具有多电平的非易失性存储特性。

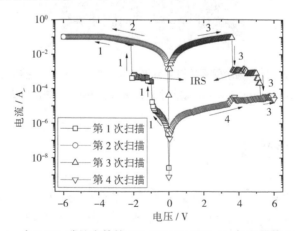

图 7−4　含 0.8% 碳纳米管的 ITO/EMAR+CNTs/Al 忆阻器的 I−V 曲线

图 7-5 为 ITO/EMAR+CNTs/Al 忆阻器开关电流比与外加电压之间的关系。LRS/IRS 的电流比与 LRS/HRS 的电流比分别为 98.3（电压为 -1.5 V 时）和 $9.0×10^3$（电压为 0.5 V 时）。为了考察阻变参数的一致性，对 ITO/EMAR+CNTs/Al 忆阻器进行了读写擦循环测试。如图 7-6 所示，在连续 50 次循环后 ITO/EMAR+CNTs/Al 忆阻器的 I–V 特性并没有发生明显的变化。在起始状态下对顶部电极施加正向偏压，I–V 曲线没有发生明显的电阻态改变，ITO/EMAR+CNTs/Al 忆阻器保持在高阻态，并没有发生明显的阻变效应。

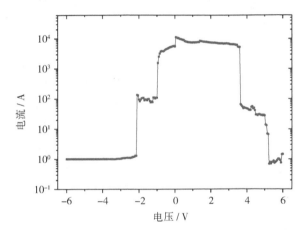

图 7-5　含 0.8% 碳纳米管的 ITO/EMAR +CNTs/Al 忆阻器的开关电流比与外加电压的关系

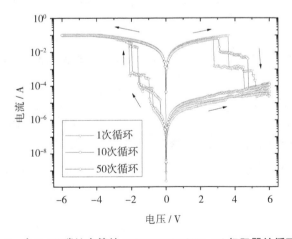

图 7-6　含 0.8%碳纳米管的 ITO/EMAR+CNTs/Al 忆阻器的循环测试

7.2.2　阈值电压与三态电阻的统计分析

为了进一步阐述 ITO/EMAR+CNTs/Al 忆阻器阻变机制的稳定性,阈值电压 V_{SET} 和 V_{RESET} 的统计分布如图 7-7 所示。当 ITO/EMAR+CNTs/Al 忆阻器反复转换于高阻态和低阻态之间时,V_{RESET1} 和 V_{RESET2} 分布在 2.60~4.05 V 与 4.00~5.40 V 范围内,V_{SET1} 和 V_{SET2} 分布在 -0.35 ~ -1.4 V 与 -1.5 ~ -3.15 V 范围内。V_{RESET1} 和 V_{RESET2} 间操作电压窗口的重叠以及 V_{SET1} 和 V_{SET2} 间较小的间隔对写、擦、读操作极其不利,在未来电子器件的实际应用中这个问题应着重改进。经统计分析,V_{SET1}、V_{SET2}、V_{RESET1} 和 V_{RESET2} 的平均值分别为 -0.8 V、-2.2 V、3.4 V 和 4.8 V。

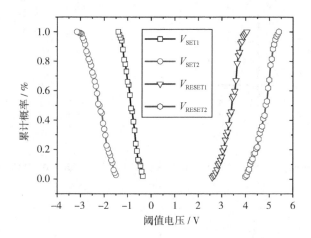

图 7-7　含 0.8%碳纳米管的 ITO/EMAR+CNTs/Al 忆阻器的阈值电压统计分布图

图 7-8 为 ITO/EMAR+CNTs/Al 忆阻器 LRS、IRS 以及 HRS 电阻的统计分布图,ITO/EMAR+CNTs/Al 忆阻器的 R_{LRS}、R_{IRS} 和 R_{HRS} 分别分布于 35.7~48.0 Ω、$2.78×10^3$ ~ $8.75×10^3$ Ω 和 $1.12×10^5$ ~ $3.97×10^5$ Ω 范围内,从图中可以清晰地区分出不同的电阻态。

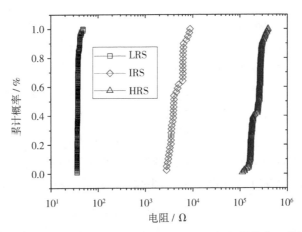

图 7-8　含 0.8% 碳纳米管的 ITO/EMAR+CNTs/Al 忆阻器的电阻统计分布图

7.2.3　瞬态响应与输入-输出响应

对于存储器件来说,另一个重要的特性指标为转换时间。图 7-9 为 ITO/EMAR+CNTs/Al 忆阻器的瞬态响应。当施加 4 V 的读脉冲(高于阈值电压 V_{SET2})时,忆阻器立刻从初始的高阻态转换至中间阻态,然后转换至低阻态。在 Keithley 4200 型半导体参数分析仪上(脉冲上沿时间上限为 20 ns)没有观测到明显的电学延迟。ITO/EMAR+CNTs/Al 忆阻器从高阻态转换到中间阻态以及从中间阻态转换到低阻态的转换时间分别为 280 ns 和 300 ns。

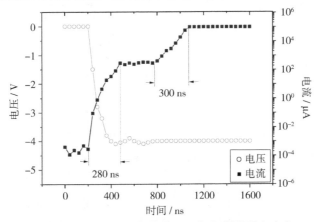

图 7-9　ITO/EMAR+CNTs/Al 忆阻器的瞬态响应

7.2.4 导电模型分析

为了弄清楚 ITO/EMAR+CNTs/Al 忆阻器的阻变机制,将 ITO/EMAR+CNTs/Al 忆阻器的三个不同电阻态的 I-V 曲线在双对数坐标系中进行了重新拟合。如图 7-10(a) 所示,ITO/EMAR+CNTs/Al 忆阻器在高阻态遵循空间电荷限制电流机制,曲线由低电压下的欧姆导电区域(拟合斜率为 1.15)和高电压下的 Mott-Gurney 区域(拟合斜率为 6.00)构成。对于空间电荷限制电流机制来说,随着电压不断增加,越来越多的载流子被注入到功能层中。因此,在电极与功能层的界面附近将会形成空间电荷,产生的空间电荷会限制电流。ITO/EMAR+CNTs/Al 忆阻器中间阻态的 I-V 曲线在图 7-10(b) 中进行了拟合,$\ln(I/V^2)$ 与 $1/V$ 的关系为线性,其斜率为负值,这说明忆阻器在中间阻态遵循 Fowler–Nordheim (F–N) 隧穿机制。如图 7-10(c) 所示,ITO/EMAR+CNTs/Al 忆阻器在低阻态遵循欧姆定律(拟合斜率为 1)。

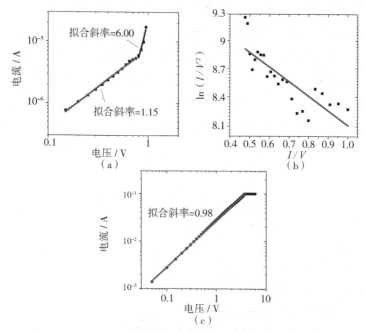

图 7-10　ITO/EMAR+CNTs/Al 忆阻器 I-V 曲线的线性拟合
(a)高阻态;(b)中间阻态;(c)低阻态

7.2.5　电阻对温度的依赖关系

为了确定忆阻器中阻变机制的物理本质,在不同温度下对低阻态和高阻态的电阻进行了测量。对于低阻态电阻来说,随着温度在 296~383 K 的范围内不断升高,电阻随着温度线性增加,如图 7-11 所示,由图中可以看出低阻态展现了金属特性。观察到的低阻态电阻与温度间的线性依赖关系可以通过下式进行拟合:$R(T) = R_0[1+\alpha(T-T_0)]$,其中 R_0 为温度为 T_0 时的电阻,α 为电阻的温度系数,$R(T)$ 为温度为 T 时的电阻。从拟合的实验数据来看,α 约为 4.2×10^{-3} K^{-1},这个值在金属纳米线的导电中非常常见,实验结果表明该忆阻器在上下电极之间存在金属纳米线。

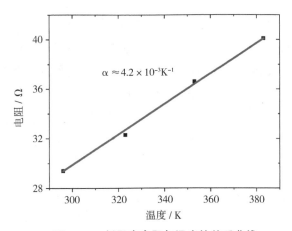

图 7-11　低阻态电阻与温度的关系曲线

相比于低阻态的金属特性,该忆阻器的高阻态展现了半导体特性,如图 7-12(a)所示。高阻态的电阻随着温度的升高而降低,遵从 Arrhenius 定律。观察到的高阻态电阻与温度间的依赖关系可以通过下式进行拟合:$R(T) = R_A\exp(E_{AC}/KT)$,其中 R_A 为 Arrhenius 电阻的指数前因子,E_{AC} 为电导的激活能,K 为玻尔兹曼常数。图 7-12(b)为高阻态电阻与温度倒数的关系曲线,该图中线性拟合的斜率为激活能,从线性拟合的结果可以看出,激活能 E_{AC} 约为 20.2 meV。

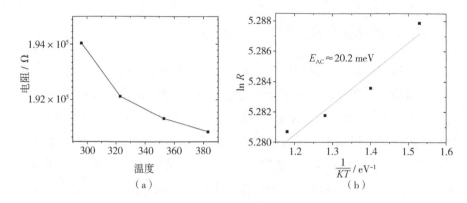

图 7-12 高阻态电阻与温度的关系曲线
(a)高阻态电阻与温度的关系曲线;(b)ln R 与 $1/KT$ 的关系曲线

许多人公布的实验结论是阻变特性与顶部铝电极上形成的薄层氧化铝有关。为了深入探究这个结论是否正确,将顶部铝电极用银电极代替,因为银和铝的功函数极其相似,且银比铝具有更强的氧化惰性。实验结果表明,用银作为顶部电极与用铝作为顶部电极具有相似的阻变特性,在阻变特性上没有发生明显的改变,唯一的改变发生在写/擦电压和高阻态电流上。所以,观察到的阻变效应不可能源于顶部铝电极与功能层间的氧化层,显然是有机层参与了导电。

7.2.6 阻变机制分析

ITO/EMAR+CNTs/Al 忆阻器的阻变机制可以从碳纳米管对电子的俘获与游离的角度进行分析。碳纳米管中存在多种类型的缺陷是众所周知的事实,在碳纳米管中可能存在具有不同势能的陷阱和缺陷。当在顶部电极施加负偏置电压时,电子被注入到功能层界面处,忆阻器遵循空间电荷限制电流机制。随着电压继续增加,注入的电子被存在于碳纳米管中的电子陷阱俘获。当碳纳米管中大多数陷阱被填充时,就会产生局域的内建电场,被载流子填充的陷阱在甲基丙烯酸树脂中就会形成导电路径。当电压逐渐增加时,忆阻器的电流发生突变,并将忆阻器由初始的高阻态转换至中间阻态,通过在碳纳米管中填充较浅的陷阱可将忆阻器稳定在中间阻态。在这种情况下,忆阻器遵循 Fowler-Nordheim 隧穿机制。多态的 SET 过程可能归因于碳纳米管中不同势能陷阱形成的多通道,即使外加电压降为零,这些陷阱也始终被电子填充着,因此忆阻器保持着低阻态,形成了非易失性存储特性。当施加电压改为正偏置电压时,电流随着电压的升高不断增大。当正向电压达到阈值电压时,电子从碳纳米管的陷阱中游离,电流开始减小,电子的进一步游离将会导致导电通道崩溃。被俘获的电子在较低阈值电压(3.65 V)下将会被选择性地释放,使得忆阻器从低阻态转换到中间阻态,并保持在中间阻态。当电压升高到另一个较高的阈值电压时,大多数被陷阱俘获的电子被抽出,使得导电通道断裂,从而将忆阻器从中间阻态转换到高阻态。RESET 过程之后,当施加较低的正偏置电压时,高阻态的电流并没有降到非常低的值,这说明在复合薄膜中存在着很多未断裂的导电通道,使得电流可以继续通过。多态的 RESET 过程的发生与多态的 SET 过程的发生具有相同的原因。总而言之,阻变机制归因于具有不同势能的多通道的断裂与形成,中间阻态的出现是由于多通道的形成以及陷阱所具有的不同势能。综上所述,碳纳米管为俘获电荷提供了陷阱,该忆阻器的阻变特性归因于碳纳米管的存在,碳纳米管中电子的密度以及忆阻器中导电通道的搭建程度可以通过调整流过忆阻器的电流进行控制,这可能会使得忆阻器具有不同的低阻态而具有多位存储的能力。

7.2.7　限制电流对低阻态的影响

基于以上的分析,在忆阻器上施加从 1 mA 到 100 mA 的限制电流可获得不同的低阻态,如图 7-13 所示。当限制电流(I_{CC})分别为 1 mA、10 mA 和 100 mA 时,可以看出高阻态的电阻(R_{HRS})基本独立于限制电流,低阻态的电阻(R_{LRS})随着限制电流的减小而增加。结果该忆阻器展现了很好区分的四个电阻态,包括一个高阻态和三个低阻态。通过施加不同的限制电流可观察到不同的三个低阻态,分别定义为 LRS1、LRS2 和 LRS3。实验结果表明,在忆阻器上施加较大的限制电流可以观察到较大的低阻态电流,低阻态由施加的限制电流的大小决定,因此,允许通过的最大电流将会影响渗透细丝的形成。限制电流越大就会形成越多的导电细丝,因此限制电流是影响低阻态的关键因素。所以,通过在 ITO/EMAR+CNTs/Al 忆阻器中设置不同的限制电流可实现多电平的低阻态。

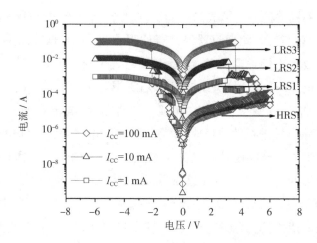

图 7-13 ITO/EMAR+CNTs/Al 忆阻器在不同的限制电流下的 *I-V* 曲线

图 7-14(a)为忆阻器限制电流与低阻态和高阻态下电阻间的关系,电阻值是在 2 V 电压下测量的。如图所示,低阻态的电阻随着限制电流的增大而降低,当限制电流从 1 mA 增加到 100 mA 时,高阻态与低阻态的电阻比从 24 增加到了 7500。图 7-14(b)为限制电流与 SET 电压间的关系,SET 电压随着限制电流的增大而提高。由于在忆阻器中有较大的电流,这就需要较高的转换电压以产生有效的导电细丝,确保忆阻器能够转换至低阻态。

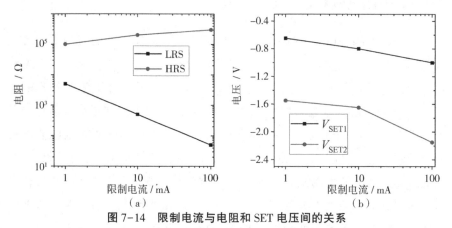

图 7-14 限制电流与电阻和 SET 电压间的关系

(a)限制电流与电阻间的关系(低阻态和高阻态的电阻在电压为 2 V 时读取);

(b)限制电流与 SET 电压间的关系

　　当限制电流较大时,功能层中大多数陷阱都被载流子填充满,进而形成大量的导电路径。当限制电流较小时,只有少量的陷阱被填充,因此形成的导电路径也较少,忆阻器处于高阻态。这表明 ITO/EMAR+CNTs/Al 忆阻器中存在可调的多电平电导态,使得高密度数据存储成为可能。

　　为了评估 ITO/EMAR+CNTs/Al 忆阻器的稳定性,对该忆阻器的保持特性和耐久特性进行了测试。保持特性如图 7-15 所示,该忆阻器在-0.3 V 脉冲电压下稳定地保持在起始的电阻态上(HRS、LRS1、LRS2 和 LRS3),持续时间可达 16 h。HRS/LRS1、LRS1/LRS2 和 LRS2/LRS3 的电阻比分别为 53.4、10.1 和 10.7。

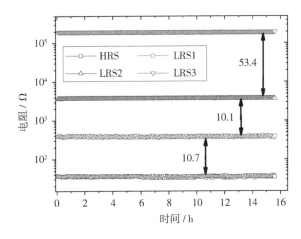

图 7-15　ITO/EMAR+CNTs/Al 忆阻器的保持特性

　　图 7-16 为 ITO/EMAR+CNTs/Al 忆阻器的四个不同电阻态在 1.5 V 脉冲电压下的耐久特性测试结果,脉冲周期和脉冲宽度分别设置为 2 μs 和 1 μs。忆阻器的四个不同电阻态在 200 个连续的读循环下保持稳定。HRS/LRS1、LRS1/LRS2 和 LRS2/LRS3 的电阻比分别为 25.0、11.6 和 10.8。实验结果表明,界限清楚、较好区分的四个电阻态(一个高阻态,三个低阻态)具有几乎为常数的电阻比,随着时间的变化,电阻比几乎没有发生明显衰减。这些实验结果为该忆阻器应用于高密度数据存储提供了一种潜在的可能。

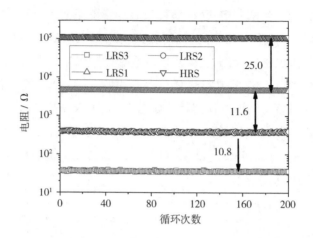

图 7-16   ITO/EMAR+CNTs/Al 忆阻器的耐久特性

　　除了通过设置不同的限制电流在 ITO/EMAR+CNTs/Al 忆阻器中获得多电平的低阻态,还可以通过在复合材料中采用不同的碳纳米管含量来实现多电平的高阻态,如图 7-17 所示。实验对含不同含量碳纳米管(0.8%~4.0%)的忆阻器的阻变特性进行了对比,由于碳纳米管在聚合物材料中具有较好的分散性,所有忆阻器几乎都展现了稳定的可再写的阻变特性。ITO/EMAR+CNTs/Al 忆阻器展现了较好区分的四个电阻态,包括一个低阻态和三个不同的高阻态。通过改变碳纳米管含量可以观察到三个不同的高阻态,这三个高阻态分别定义为 HRS1、HRS2 和 HRS3。LRS/HRS3、HRS3/HRS2、HRS2/HRS1 的电阻比分别为 228.8、7.9 和 6.5。与图 7-13 相比,低阻态的电流几乎不变,但高阻态的电流随着碳纳米管含量的增加而增大,从而在高阻态和低阻态之间形成了可调的电流比。对于碳纳米管含量为 4.0% 的 HRS3 来说,电流的增大可归因于碳纳米管的局部渗漏。随着碳纳米管含量的变化,忆阻器的阻变特性也发生变化,说明了碳纳米管在甲基丙烯酸环氧树脂中的分散性较好,确实起到了陷阱的作用。

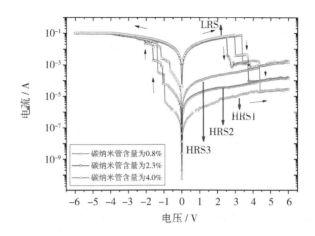

图 7-17　含不同含量碳纳米管的 ITO/EMAR+CNTs/Al 忆阻器的 *I-V* 曲线

7.2.8　碳纳米管含量对忆阻器特性的影响

碳纳米管在复合材料中的含量对忆阻器的关态电流(在 2 V 常压下)和开关电流比都会产生影响,如图 7-18 所示。当碳纳米管含量增加时,开关电流比降低了两个数量级,而关态电流随着碳纳米管含量的增加而增大了两个数量级。电流的绝对值正比于碳纳米管提供的电荷陷阱的密度。而且,邻近的碳纳米管间的平均间隔距离将会随着碳纳米管含量的增加而减小。如果邻近的碳纳米管间的平均间隔距离较小,碳纳米管俘获的电子就容易向邻近的碳纳米管跃迁。如图 7-13 和 7-17 所示,我们不仅实现了忆阻器多电平的低阻态,而且实现了忆阻器多电平的高阻态,这证实通过当前的操作在 ITO/EMAR+CNTs/Al 忆阻器中可实现多电平数据存储。

为了评估 ITO/EMAR+CNTs/Al 忆阻器多电平存储的能力,对不同碳纳米管含量的 ITO/EMAR+CNTs/Al 忆阻器的多个电阻态进行了保持特性测试,如图 7-19 所示。ITO/EMAR+CNTs/Al 忆阻器的数据保持时间随碳纳米管含量的增加而延长,这可能归因于较高含量的碳纳米管能够在甲基丙烯酸环氧树脂中形成更稳定的导电细丝。

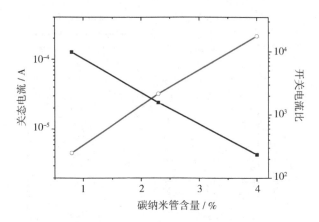

图 7-18　2 V 常压下碳纳米管含量与关态电流和开关电流比的关系

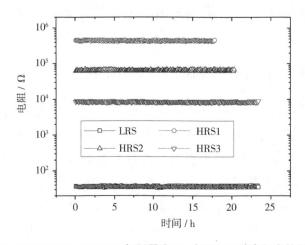

图 7-19　ITO/EMAR+CNTs/Al 忆阻器在 2V 电压下四种电阻态的保持特性

　　不同碳纳米管含量的 ITO/EMAR+CNTs/Al 忆阻器的多个电阻态的耐久特性测试如图 7-20 所示。在多个循环中,HRS3(含 4.0%的碳纳米管)耐久特性较强,HRS1(含 0.8%的碳纳米管)耐久特性较弱。ITO/EMAR+CNTs/Al 忆阻器的耐久特性与碳纳米管的含量有关,这可能归因于含有不同含量碳纳米管的功能层中具有不同填充程度的陷阱。不同的四种电阻态在大气环境下保持稳定,并能够清晰地区分开,表明了 ITO/EMAR+CNTs/Al 忆阻器具有稳定的特性。

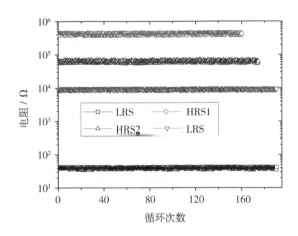

图 7-20　ITO/EMAR+CNTs/Al 忆阻器在 2 V 电压下四种电阻态的耐久特性

　　通过控制限制电流和碳纳米管在甲基丙烯酸环氧树脂中的含量,可以在 ITO/EMAR+CNTs/Al 忆阻器中实现多电平的低阻态和多电平的高阻态。多电平的低阻态和多电平的高阻态都不受存储信息的影响,可以被读取。基于上述重要的特性,可以看出 ITO/EMAR+CNTs/Al 忆阻器在下一代非易失性多电平数据存储中是一个有前途的候选者。

7.3　本章小结

　　本章中,在甲基丙烯酸环氧树脂基体中掺杂了碳纳米管,并将该复合材料用于功能层制备了 ITO/EMAR+CNTs/Al 忆阻器。在该忆阻器中发现了多电平的快闪存储特性。ITO/EMAR+CNTs/Al 忆阻器展现了多电平的电阻态,在外加电压的激励下中间阻态能保持稳定。通过设置不同的限制电流(1~100 mA)和复合材料中不同的碳纳米管含量(0.8%~4.0%)可实现多电平的低阻态(LRS1~LRS3)和多电平的高阻态(HRS1~HRS3)。实验结果表明,不同的电阻态之间具有稳定的电阻比,HRS/LRS1、LRS1/LRS2 和 LRS2/LRS3 的电阻比分别为 53.4、10.1 和 10.7。LRS/HRS3、HRS3/HRS2 和 HRS2/HRS1 的电阻比分别为 228.8、7.9 和 6.5。多电平的存储态都是稳定可区分的,并展现了较好的保持特性。阻变机制可归因于甲基丙烯酸环氧树脂中碳纳米管导电细丝的形成与熔断。

上一章中,在聚乙撑二氧噻吩:聚苯乙烯磺酸盐基体中掺杂碳纳米管,发现了擦一次读多次的 WORM 存储特性,通过改变碳纳米管在聚乙撑二氧噻吩:聚苯乙烯磺酸盐基体中的含量还能实现开关电流比的调制。与上一章不同的是,本章通过在甲基丙烯酸环氧树脂基中添加碳纳米管发现了多电平的快闪存储特性,通过设置不同的限制电流和碳纳米管在甲基丙烯酸环氧树脂基体中的含量可实现多电平的低阻态和多电平的高阻态。实验结果表明,主体–客体体系在决定忆阻器的存储类型方面是至关重要的。

第8章 钴铝层状双金属氢氧化物 吸附环嗪酮基功能层的阻变特性

近年来,忆阻器在电子器件领域受到越来越多的关注。由于其具有反应速度快、数据处理速度快、能耗低等特点,现已被广泛研究并用于商业化。忆阻器的典型结构为两金属电极间夹着功能层的三明治结构,其阻变特性为非易失性存储特性。根据电流变化的方式,忆阻器大致可以分为数字型和模拟型。数字型忆阻器的特点是突变式阻变转换,其结构简单,易于三维堆叠,阻变转换速度快。模拟型忆阻器的特点是渐进式阻变转换,其在类脑形态计算、可编程模拟电路等方面的应用价值在近年来越来越受关注。必须特别指出的是,模拟型忆阻器在发展人工突触以实现脑激发的神经形态计算方面具有很大的应用前景。学者们普遍认为数字型忆阻器的阻变机制是导电细丝的形成和断裂。与之相反的是模拟型忆阻器,目前模拟型忆阻器的阻变机制尚不清楚,仍存在争议。

由于忆阻器在电子工业中具有巨大的应用前景,许多研究都致力于将电子元器件商业化,而这些研究主要集中在对不同功能层材料的研究上。根据以往的报道,人们对各种功能层材料进行了研究,如二元氧化物、有机聚合物、生物材料等。此外,为了提高忆阻器的性能,研究人员采用了多种措施,如光照、紫外线照射、多级数据存储、亚量子细丝、CBRAM 保留建模、缺陷控制、原子级控制与优化的高温成形方案等。因此,开发用于忆阻器研究和器件性能调控的新材料对非易失性存储器件的发展具有重要意义。

近年来,钴铝层状双金属氢氧化物(Co-Al LDHs)因具有比表面积大、载流子输运扩散长度短等优点而受到越来越多的关注,较大的比表面积使其具有更好的吸附能力。同时,环嗪酮分子含有电活性 C═C—C═N 基团,该基团可以形成具有两个可还原中心的组分,因此环嗪酮分子具有良好的还原性能。环嗪酮是一种著名的 n 型半导体,它可以作为钴铝层状双金属氢氧化物的吸附组分,调节载流子的迁移。目前,利用钴铝层状双金属氢氧化物作为功能层制备的忆阻器及其对小分子环嗪酮的吸附作用尚未见报道。因此,本章制备了钴铝层状双金属氢氧化物忆阻器和钴铝层状双金属氢氧化物吸附环嗪酮忆阻器,并研究钴铝层状双金属氢氧化物吸附小分子环嗪酮对其阻变特性的影响。

8.1　忆阻器的制备与薄膜的表征

8.1.1　忆阻器的制备

材料选择 3-环己基-6-(二甲氨基)-1-甲基-1,3,5-三嗪-2,4-(1H,3H)-二酮(环嗪酮,分子量 252.31)。利用滴涂工艺在玻璃衬底上制备钴铝层状双金属氢氧化物功能层,将钴铝层状双金属氢氧化物的乙醇溶液(10 mg/mL)滴涂在 ITO 表面上,在 50 ℃ 的真空烘干箱中烘干 8 h。将烘干的薄膜浸渍在 5 mg/mL 的环嗪酮水溶液中 5 min,然后在 50 ℃ 的真空烘干箱中烘干,形成钴铝层状双金属氢氧化物吸附环嗪酮的功能层。采用真空蒸发法制备直径为 100 mm 的铝电极阵列。利用 Keithley 4200 型半导体参数分析仪测试忆阻器的电学性能,在所有的电学性能测试时底电极接地。

在具有 ITO 涂层的玻璃基底上制备了钴铝层状双金属氢氧化物和钴铝层状双金属氢氧化物吸附环嗪酮作为功能层的忆阻器。忆阻器的结构为 Al/钴铝层状双金属氢氧化物薄膜/Al 和 Al/钴铝层状双金属氢氧化物吸附环嗪酮薄膜/Al。

图 8-1 为环嗪酮的化学结构图。图 8-2 为钴铝层状双金属氢氧化物忆阻器结构示意图。用扫描电镜对顶电极沉积前的功能层的横截面进行了表征。图 8-3 为钴铝层状双金属氢氧化物功能层的横截面扫描电镜图。图 8-4 为钴铝层状双金属氢氧化物吸附环嗪酮功能层的横截面扫描电镜图。

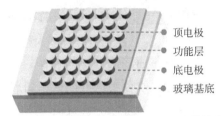

图 8-1　环嗪酮的化学结构

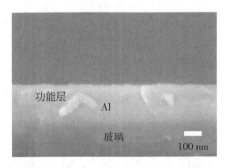

图 8-2　钴铝层状双金属氢氧化物忆阻器的结构示意图

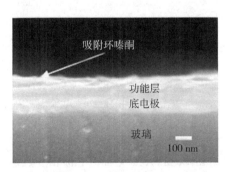

图 8-3　钴铝层状双金属氢氧化物功能层的横截面扫描电镜图

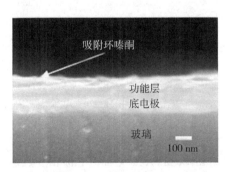

图 8-4　钴铝层状双金属氢氧化物吸附环嗪酮功能层的横截面扫描电镜图

8.1.2　材料及薄膜表征

环嗪酮、钴铝层状双金属氢氧化物吸附环嗪酮前后的红外光谱如图 8-5 所示。如图 8-5(a)所示,在环嗪酮的红外光谱中以 2975 cm^{-1} 为中心的吸收带对应于甲基 C—H 的伸缩振动。亚甲基 C—H 的拉伸振动引起了以 2849 cm^{-1} 为中心的吸收带。以 1721 cm^{-1} 和 1635 cm^{-1} 为中心的两个相邻吸收带分别由 2 位 C═O 和 1 位 C═O 的拉伸振动引起。以 1554 cm^{-1} 为中心的吸收带由 C═N 的拉伸振动引起。以 1352 cm^{-1} 为中心的吸收带由 CH$_3$O 的 C—H 变形振动引起。如图 8-5(b)所示,以 3396 cm^{-1} 为中心的宽的强吸收带由表面和层间羟基的伸缩振动引起。以 1648 cm^{-1} 为中心的较弱吸收带由水分子的弯曲振动引起。以 589 cm^{-1} 为中心的吸收带由金属氧(M—O)或金属羟基(M—OH)的拉伸和弯曲振动引起。钴铝层状双金属氢氧化物吸附环嗪酮的红外光谱如图 8-5(c)所示,环嗪酮在钴铝层状双金属氢氧化物上被吸附时,以 2975 cm^{-1} 和 2849 cm^{-1} 为中心的两个吸收带消失,1349 cm^{-1} 处出现了一个新的吸收带,表明环嗪酮的对称振动。

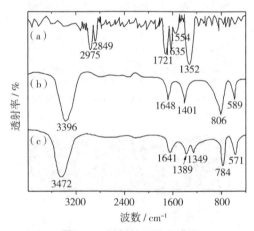

图 8-5　材料的红外光谱图

(a) 环嗪酮的红外光谱图;(b) 钴铝层状双金属氢氧化物的红外光谱图;

(c) 钴铝层状双金属氢氧化物吸附环嗪酮的红外光谱图

8.2　钴铝层状双金属氢氧化物忆阻器的阻变特性

8.2.1　阻变特性

对钴铝层状双金属氢氧化物忆阻器和钴铝层状双金属氢氧化物吸附环嗪酮忆阻器的阻变特性进行了分析。根据 I–V 曲线,这两种忆阻器都表现出典型的非易失性存储特性。

电压扫描序列为:从 0 V 到+6 V、从 0 V 到+6 V、从 0 V 到−6 V、从 0 V 到−6 V。用该电压扫描序列测试钴铝层状双金属氢氧化物忆阻器的电学特性。当扫描正电压从 0 V 升高到+6 V 时,忆阻器由高阻态逐渐转换为低阻态,在第二次正电压扫描时,忆阻器保持在低阻态,当扫描负电压从 0 V 变为−6 V 时,忆阻器由低阻态逐渐转换为高阻态,在随后的负电压扫描时,忆阻器保持在高阻态,如图 8-6 所示,表明该忆阻器具有典型的电双稳态阻变特性。该忆阻器始终能够保持在低阻态或高阻态,直到被施加极性相反的外部电压,将其转换为高阻态或低阻态。器件优秀的可重复性是其应用于工程的重要前提。在实验中测试了 49 个钴铝层状双金属氢氧化物忆阻器样品的 I–V 曲线,其中 30 个样品具有相似的阻变特性,而其余 19 个样品没有阻变特性。

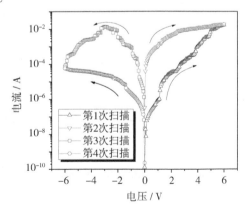

图 8-6　钴铝层状双金属氢氧化物忆阻器的 I–V 曲线

8.2.2 数据保持特性

通过考察钴铝层状双金属氢氧化物忆阻器的数据保持特性来评价钴铝层状双金属氢氧化物忆阻器的稳定性。因为其阻变转换是渐进式的,所以我们选择不同的电压来激励忆阻器,高阻态和低阻态的激励电压分别设置为 0.5 V、1 V、2 V 和 4 V。这意味着使用不同的电压激励该忆阻器的电流,同时使用一个读电压来读取该忆阻器的电阻。根据阻变特性,忆阻器在被施加足够高的正向或负向外加电压时,可转换为不同的电阻态,因此激发电压既可为正向也可为负向。用 0.1 V 的恒压读取忆阻器的电阻,图 8-7 为钴铝层状双金属氢氧化物忆阻器的数据保持特性。从图中可以看出,钴铝层状双金属氢氧化物忆阻器的各个电阻态几乎是恒定的,与相邻电阻态均能保持清晰的边界。同时测试了 30 个钴铝层状双金属氢氧化物忆阻器的 I-V 曲线,并在 -2 V 电压下收集该忆阻器高阻态和低阻态电阻的累积概率,如图 8-8 所示。平均电阻值反映了该忆阻器高阻态和低阻态电阻的水平。

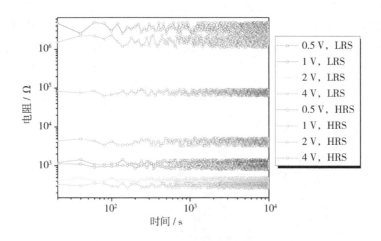

图 8-7 钴铝层状双金属氢氧化物忆阻器的数据保持特性

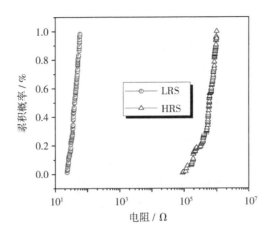

图 8-8　在-2 V 电压下钴铝层状双金属氢氧化物忆阻器高阻态和低阻态电阻的累积概率

8.3　钴铝层状双金属氢氧化物吸附环嗪酮忆阻器的阻变特性

8.3.1　阻变特性

与钴铝层状双金属氢氧化物忆阻器相比,钴铝层状双金属氢氧化物吸附环嗪酮忆阻器的 SET 过程和 RESET 过程都是突然的,如图 8-9 所示。在钴铝层状双金属氢氧化物吸附环嗪酮忆阻器中,在第一次电压扫描期间,忆阻器在电压达到阈值电压 1.65 V 时,其从初始的高阻态转换为低阻态,该过程称为 SET 过程。忆阻器在随后的第二次电压扫描期间仍保持在低阻态。在第三次电压扫描期间,忆阻器在电压达到阈值电压-4.05 V 时,其由低阻态转换为高阻态。该忆阻器的两种电阻态均非常稳定,甚至在关闭电源 10 min 或更长时间后依然保持不变。通过改变施加电压,该忆阻器可以在高阻态和低阻态之间反复转换。在实验中,我们测试了 56 个钴铝层状双金属氢氧化物吸附环嗪酮的 I-V 曲线,其中 39 个样品具有相似的阻变特性,而其余 17 个样品没有阻变特性。在实际应用中,在保证阻变特性的基础上,可通过降低工作电压降低功耗。

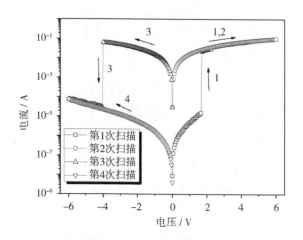

图 8-9　钴铝层状双金属氢氧化物吸附环嗪酮忆阻器的 I-V 曲线

8.3.2　数据保持特性

钴铝层状双金属氢氧化物吸附环嗪酮忆阻器在-0.1 V 的读电压下表现出稳定的数据保持特性,如图 8-10 所示,开关电阻比约为 $2.5×10^4$,在 10^5 s 后该忆阻器失去了数据保持能力。

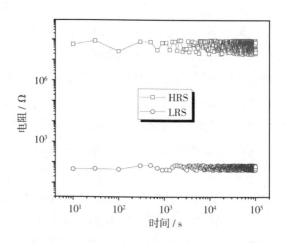

图 8-10　钴铝层状双金属氢氧化物吸附环嗪酮忆阻器的数据保持特性

8.3.3　耐久特性

　　图 8-11 为钴铝层状双金属氢氧化物吸附环嗪酮忆阻器的耐久特性。在 180 个连续的读循环下,钴铝层状双金属氢氧化物吸附环嗪酮忆阻器的低阻态和高阻态电阻没有明显波动,但在 180 个读循环后该忆阻器的阻变特性不再重复。该忆阻器 10^4 s 的数据保持时间和 180 个连续的读循环远远不能满足实际应用的需求,如何进一步改善器件的数据保持特性和耐久特性是我们下一步需要关注的问题。

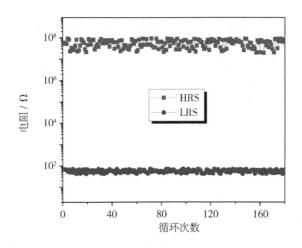

图 8-11　钴铝层状双金属氢氧化物吸附环嗪酮忆阻器的耐久特性

　　根据 39 个钴铝层状双金属氢氧化物吸附环嗪酮忆阻器的 *I-V* 曲线,对其低阻态和高阻态电阻的累积概率进行了统计分析,如图 8-12 所示。同时,还统计了钴铝层状双金属氢氧化物吸附环嗪酮忆阻器阈值电压的累积概率,如图 8-13 所示。平均电阻值和平均电压值可以为完成 SET 和 RESET 操作提供参考数值。

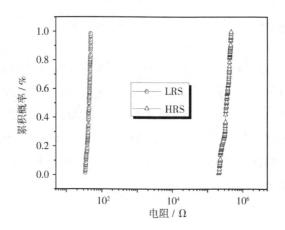

图 8-12　钴铝层状双金属氢氧化物吸附环嗪酮忆阻器高阻态和低阻态电阻的累积概率

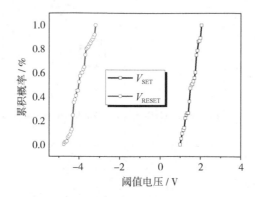

图 8-13　钴铝层状双金属氢氧化物
吸附环嗪酮忆阻器高阻态和低阻态阈值电压的累积概率

8.3.4　温度特性

温度在工程应用中一直是影响器件性能的一个重要指标。考虑到环嗪酮不能承受高温,我们在温度为 158 ℃时对钴铝层状双金属氢氧化物忆阻器的阻变特性进行了测试,如图 8-14 所示。图 8-14(a)为钴铝层状双金属氢氧化物忆阻器在 158 ℃时的 I-V 曲线,可以看出钴铝层状双金属氢氧化物忆阻器在高温下仍表现出电流渐变的特性。与室温不同,高温下钴铝层状双金属氢氧化物层状结构间载流子分子的热运动增强,导致高阻态和低阻态的电阻增大,从而使高阻态和低阻态的电流明显减小。

图 8-14(b)为 158 ℃下钴铝层状双金属氢氧化物忆阻器在-2 V 恒压下高阻态和低阻态的数据保持能力。开关电阻比最小为 2,此时忆阻器几乎失去了阻变转换能力。这样低的开关电阻比会大大增加误读率,与实际应用要求相差较大。

由于忆阻器在 158 ℃下不具有热稳定性,我们在 85 ℃下再次测试了该忆阻器的阻变特性和数据保持特性,如图 8-14(c)和(d)所示。可以看出,在此温度下该忆阻器具有良好的热稳定性。

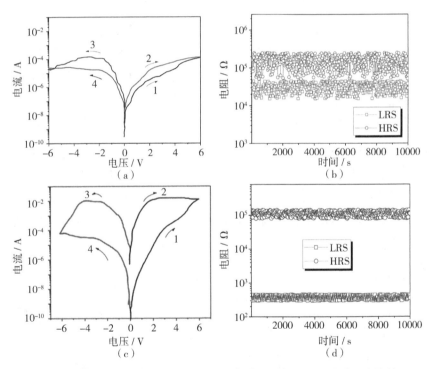

图 8-14　158 ℃和 85 ℃时钴铝层状双金属氢氧化物忆阻器的阻变特性

(a)158 ℃时钴铝层状双金属氢氧化物忆阻器的 I-V 曲线;

(b)158 ℃时钴铝层状双金属氢氧化物忆阻器在-2 V 恒压下高阻态和低阻态的数据保持能力;

(c) 85 ℃时钴铝层状双金属氢氧化物忆阻器的 I-V 曲线;

(d) 85 ℃时钴铝层状双金属氢氧化物忆阻器在-2 V 恒压下高阻态和低阻态的数据保持能力

8.3.5　阻变机制分析

数据保持特性和耐久特性是检测非易失性存储器性能的重要指标。为了保证数据的安全和可靠,存储器的保存时间一般要求在 10 年以上。对下一代非易失性存储器耐久性能的要求为能稳定运行超过 10^6 年。目前,只有少数报道的忆阻器能够满足这个标准,我们的忆阻器与这个标准还有很大的差距。目前在对阻变存储的研究中,研究者们基于不同材料构建了不同的阻变存储模型,但隐藏在不同材料体系背后的阻变机制还不够清晰。不同材料体系的阻变行为也各有各的特点,这说明不同材料体系的阻变机制是不同的。

为了揭示器件复杂的阻变机制,我们对钴铝层状双金属氢氧化物忆阻器和钴铝层状双金属氢氧化物吸附环嗪酮忆阻器的 I–V 曲线在双对数坐标系中进行模型拟合分析,如图 8-15 所示。对钴铝层状双金属氢氧化物忆阻器数据拟合后,我们发现忆阻器的高阻态和低阻态都遵循空间电荷限制电流机制,如图 8-15(a)和(b)所示。钴铝层状双金属氢氧化物吸附环嗪酮忆阻器在双对数坐标系下拟合的电流-电压关系如图 8-15(c)和(d)所示,可以看出高阻态的电流-电压关系可以近似描述为 $I \propto V$(拟合斜率为 1.14 和 1.12)伴随 $I \propto V^2$(拟合斜率为 2.35 和 2.04)和低阻态的 $I \propto V$(拟合斜率为 1.02 和 1.13),因此,该忆阻器低阻态遵循欧姆定律,高阻态遵循空间电荷限制电流机制。

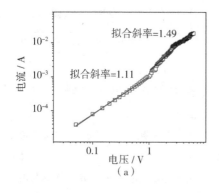

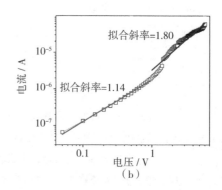

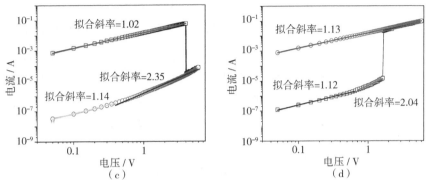

图 8-15 钴铝层状双金属氢氧化物忆阻器与钴铝层状双金属氢氧化物

吸附环嗪酮忆阻器 $I\text{-}V$ 曲线的线性拟合

（a）钴铝层状双金属氢氧化物忆阻器高阻态；

（b）钴铝层状双金属氢氧化物忆阻器低阻态；

（c）钴铝层状双金属氢氧化物吸附环嗪酮忆阻器负电压区；

（d）钴铝层状双金属氢氧化物吸附环嗪酮忆阻器正电压区

对钴铝层状双金属氢氧化物忆阻器和钴铝层状双金属氢氧化物吸附环嗪酮忆阻器高阻态的 $I\text{-}V$ 曲线进行 $\ln(I)$ 与 $V^{1/2}$ 关系拟合，如图 8-16（a）和（b）所示。根据拟合关系可以看出钴铝层状双金属氢氧化物忆阻器和钴铝层状双金属氢氧化物吸附环嗪酮忆阻器在高阻态中的电荷传导行为服从肖特基发射机制。

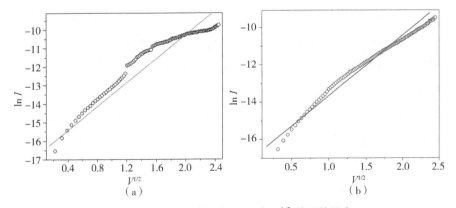

图 8-16 忆阻器高阻态 $\ln(I)$ 与 $V^{1/2}$ 关系的拟合

（a）钴铝层状双金属氢氧化物忆阻器；（b）钴铝层状双金属氢氧化物吸附环嗪酮忆阻器

根据导电细丝理论,忆阻器低阻态的电阻与忆阻器的尺寸无关。钴铝层状双金属氢氧化物忆阻器和钴铝层状双金属氢氧化物吸附环嗪酮忆阻器尺寸与高阻态和低阻态的电阻大小依赖关系如图 8-17 所示。根据上述实验结果,可以排除导电细丝理论对忆阻器的影响。基于上述 I-V 曲线拟合,阻变机制主要归因于肖特基发射机制。

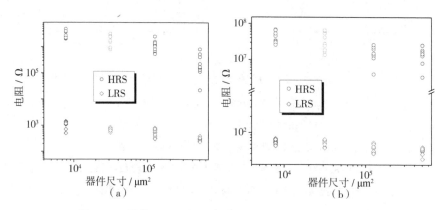

图 8-17　器件尺寸对忆阻器高阻态和低阻态电阻的依赖性
（a）钴铝层状双金属氢氧化物忆阻器；（b）钴铝层状双金属氢氧化物吸附环嗪酮忆阻器

考虑到钴铝层状双金属氢氧化物忆阻器功能层内具有较低的载流子密度和渐变的电流模式,结合上述分析,对于模拟型阻变特性而言,在钴铝层状双金属氢氧化物中氧空位的形成和迁移是相当便利的。此外,氧的低电子亲和能（相对于其第一电离能）可能有利于 O^{2-} 的形成。因此,我们提出了一个基于漂移扩散原理的简单模型来解释该忆阻器的阻变机制。钴铝层状双金属氢氧化物忆阻器的电阻状态逐渐变化是外加电压下氧离子和氧空位的漂移和扩散造成的。

钴铝层状双金属氢氧化物忆阻器的阻变机制如图 8-18 所示。图 8-18（a）显示了没有电压施加到忆阻器上时的氧离子和氧空位。当在铝电极上施加正电压时,氧离子向铝电极漂移,在 Co-Al 氧化物八面体中形成氧空位,如图 8-18（b）所示。这些氧离子以表层电荷的形式聚集在钴铝层状双金属氢氧化物表面,在钴铝层状双金属氢氧化物表面形成氧离子的大量聚集。由于氧离子具有较高的浓度梯度,氧离子可能会扩散回介质中,如图

8-18（c）所示,而载流子的漂移可保持表层电荷中大部分离子的完整,因此,忆阻器渐渐地从高阻态转换为低阻态。当在铝电极上施加负电压时,漂移效应有逐渐减小的趋势,扩散电流开始占主导地位,如图 8-18(d)所示。这将导致氧离子扩散回钝化的氧空位,导致忆阻器的电导率下降,从而使忆阻器从低阻态渐渐地转换为高阻态。

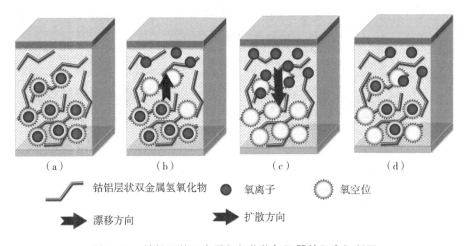

（a）　　　　　　（b）　　　　　　（c）　　　　　　（d）

〰️⤵️ 钴铝层状双金属氢氧化物　　●氧离子　　○氧空位

➡️漂移方向　　　　　➡️扩散方向

图 8-18　钴铝层状双金属氢氧化物忆阻器的阻变机制图
（a）无外加电压时的氧离子和氧空位;（b）在铝电极上施加正电压时,氧离子漂移;
（c）浓度梯度引起的氧离子扩散;（d）在铝电极上施加负电压后,氧离子的运动趋势

钴铝层状双金属氢氧化物及其小分子吸附材料忆阻器的阻变机制较为复杂,可能存在多种机制同时运行。阻变特性由钴铝层状双金属氢氧化物层的固有特性控制。钴铝层状双金属氢氧化物吸附环嗪酮后,环嗪酮在外加电压下具有较强的还原性能,氧离子和氧空位的漂移与扩散以及肖特基势垒的变化导致钴铝层状双金属氢氧化物吸附环嗪酮忆阻器发生突然的阻变过程。除了氧离子的漂移与扩散和氧空位的漂移与扩散,当对顶部铝电极施加正电压时,铝电极和钴铝层状双金属氢氧化物吸附 n 型半导体环嗪酮之间的肖特基势垒发生逆转,在金属铝与功能层的界面形成耗尽层。肖特基势垒在外加电压下形成耗尽层的变化示意图如图 8-19 所示。此外,小分子环嗪酮的 n 型半导体电离产生的大量载流子(电子)会在正向电场下向

铝电极迁移,电子被正电压吸引通过耗尽层,这会导致耗尽层变窄,肖特基势垒高度降低。当对顶部铝电极施加负电压时,电子迁移回界面附近的钴铝层状双金属氢氧化物体内,与氧空位重新结合,导致肖特基势垒高度升高。钴铝层状双金属氢氧化物吸附环嗪酮后,更多的载流子向电极迁移,耗尽层变宽。因此,忆阻器的电导率将明显改变,使得阻变过程突然进行,作为供体的环嗪酮中的甲亚胺基成分将进一步被耗尽。目前,学术界对阻变机制尚未达成共识,研究人员提出了多种机制来解释阻变行为,本书中的工作也缺乏一些微观验证性实验来阐明该阻变机制。

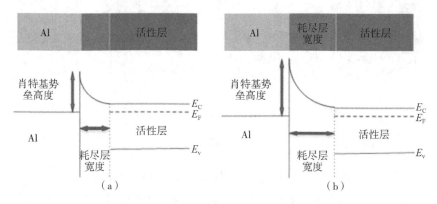

图8-19　肖特基势垒在外加电压下形成耗尽层的变化示意图
(a)正电压;(b)负电压

　　将钴铝层状双金属氢氧化物吸附环嗪酮忆阻器(本项工作)与多个研究小组报道的其他二维材料基忆阻器进行存储性能方面的比较,如表8-1所示。与 BiOI、PCBM-MoS$_2$ 纳米复合材料、二维/三维异质结构基 CH$_3$NH$_3$PbI$_{3-x}$Cl$_x$ 和六方氮化硼材料相比,我们的钴铝层状双金属氢氧化物吸附环嗪酮忆阻器具有更高的开关电阻比,为 2.5×10^4。此外,与表8-1中其他材料制备的忆阻器相比,我们制备的忆阻器具有最高的数据保存特性,时长为 10^5 s。

表 8-1　基于二维材料的忆阻器存储性能比较

材料	阻变特征	数据保持特性/s	耐久特性/次	开关电阻比
BiOI	可再写	1.4×10^4	100	10
PCBM-MoS$_2$ 纳米复合材料	可再写/WORM	1.0×10^4	95	3×100 （可再写）
层状 Birnessite 纳米材料	非易失性存储特性/易失性存储特性	3.0×10^4	800	2×10^5 （非易失性存储特性）
二维/三维异质结构基 $CH_3NH_3PbI_{3-x}Cl_x$	可再写	1.2×10^4	300	10^3
六方氮化硼	双极型和阈值转换	$10 \sim 100$	200	10^2
钴铝层状双金属氢氧化物吸附环嗪酮	可再写	10^5	280	2.5×10^4

8.4　环嗪酮吸附检测

实验结果表明:钴铝层状双金属氢氧化物忆阻器呈现出电流渐变的特性,而钴铝层状双金属氢氧化物吸附环嗪酮忆阻器呈现出电流突变的特性,如表 8-2 所示。下一步应细化环嗪酮吸附量,比较环嗪酮吸附量对忆阻器开关比、阈值电压、重复性、数据保持特性、耐久特性及温度特性等参数的影响。当将该材料用于检测环嗪酮农药时,可根据忆阻器电流由高阻态向低阻态或由低阻态向高阻态转换时对应的变化形式确定是否含有环嗪酮农药,若电流为渐变型,则代表不含环嗪酮农药,若电流为突变型,则代表含有环嗪酮农药。这种方法可实现对环嗪酮农药的电流检测。

表 8-2 两种忆阻器的阻变特性

忆阻器	钴铝层状双金属氢氧化物	钴铝层状双金属氢氧化物吸附环嗪酮
阻变特性	渐变快闪	突变快闪

8.5 本章小结

　　本章利用滴涂浸渍法制备了钴铝层状双金属氢氧化物忆阻器和钴铝层状双金属氢氧化物吸附环嗪酮忆阻器,考察了吸附环嗪酮前后忆阻器的阻变特性。这两种忆阻器都显示出优越的电双稳态和可再写的快闪阻变特性,数据保持能力都大于 10^5 s。本章实施的策略为利用二维纳米复合材料吸附电活性小分子来调控复合纳米材料的阻变特性,可以将该策略扩展到其他吸附电活性小分子的领域,比如实现有无环嗪酮农药的检测,并为三嗪类农药吸附检测提供新的方案等。

第9章 钴铝层状双金属氢氧化物吸附阿特拉津基功能层的阻变特性

非易失性存储器是计算机中存储数据以及执行逻辑操作的基本单元。随着现代电子技术的发展和硅半导体器件的进一步小型化,新的存储技术开始蓬勃发展。其中,电阻式随机存取存储器(RRAM)被认为是取代传统闪存技术的最佳选择。

近年来,层状双金属氢氧化物被越来越多地用作生物医学材料。层状双金属氢氧化物具有带正电荷的层状结构,层间存在可交换阴离子且层间空间可调节。它不仅具有生物载药的功能,而且具有良好的电子通道构建能力。层状双金属氢氧化物是由带正电的层板和带负电的交错在层板间的阴离子组成的夹层化合物。其化学式可以写为 $[M_{1-x}^{2+}M_x^{3+}(OH)_2]^{x+}A_{x/n}^{n-}mH_2O$。其中,$M^{2+}$ 代表二价金属阳离子,M^{3+} 代表三价金属阳离子,A 代表阴离子,x 代表三价金属阳离子质量与三价金属阳离子和二价金属阳离子质量总和之比,m 代表每摩尔层状双金属氢氧化物中结晶水的物质的量。层板中 M^{2+} 和 M^{3+} 的分布范围很广。

考虑到钴是两性的,且其电导率与半导体类似,阻变过程容易产生电迟滞效应,其半径与活性金属铝非常接近,有利于层板之间的异构体取代,因此,本章选择钴铝层状双金属氢氧化物作为功能层,利用其层状结构形成的高速电子转移通道来实现阻变过程。

此外,2-氯-4-乙基胺基-6-异丙基胺基-1,3,5-三嗪(阿特拉津)为 n 型半导体,属于对称三嗪类衍生物。因为引入了吸电子基团卤素原子,所以其具有良好的电荷转移能力。此外,由于钴铝层状双金属氢氧化物的层板带正电荷,氯离子带负电荷,阿特拉津很容易吸附在钴铝层状双金属氢氧化物的表面。

最近,Maikap 课题组利用 Hf/Si 界面层制备了二维材料 MoS_2 导电桥随机存取存储器件,该器件具有良好的阻变特性和人工突触行为。此外,这个研究小组利用双纳米结构改善了 AlO_x 基随机存取存储器的性能,并利用双纳米结构的协同效应实现了由细丝型阻变向非细丝型阻变的转变。考虑到基于阻变过程和存储效应的大量研究,吸附水平对阻变特性有哪些影响还需要进一步的研究。假设吸附水平会对电荷传递过程产生显著影响,那么其也会对器件性能产生显著影响。

本章对钴铝层状双金属氢氧化物吸附阿特拉津忆阻器的非易失性阻变特性进行了研究。通过改变复合薄膜中阿特拉津的含量,可以调节钴铝层状双金属氢氧化物吸附阿特拉津忆阻器的非易失性阻变特性。通过调节吸附在钴铝层状双金属氢氧化物上的阿特拉津含量,可实现写一次、读多次的 WORM 存储特性和可再写的快闪存储特性。

9.1 忆阻器的制备与薄膜的表征

9.1.1 溶液的配制

阿特拉津的分子量为 215.68。将尺寸为 1 cm × 2 cm 的 ITO 玻璃基底在丙酮、甲醇和去离子水中依次超声波清洗 35 分钟,然后置于真空干燥箱中烘干备用。为了研究阿特拉津吸附量对钴铝层状双金属氢氧化物复合薄膜阻变特性的影响,分别将 200 mg、150 mg、100 mg、75 mg、50 mg、25 mg 的钴铝层状双金属氢氧化物浸渍于 5 mL(10 mg/mL)的阿特拉津水溶液中 24 h,并将这些样品分别标记为 A、B、C、D、E、F。

9.1.2 忆阻器的制备

首先,采用滴涂法制备忆阻器的功能层,将 2 mL 吸附阿特拉津的钴铝层状双金属氢氧化物溶液滴涂在 ITO 玻璃基板上,在 50 ℃下干燥 8 h,形成吸附阿特拉津的钴铝层状双金属氢氧化物功能层。采用真空蒸镀法制备顶电极,利用掩膜法形成宽度为 100 μm、长度为 200 μm 的长方形铝电极。

9.1.3　电学特性的测量与材料的表征

利用扫描电子显微镜(HITACHI S-3400)、透射电子显微镜(JEOL-2100)、原子力显微镜(Cypher S)和 X 射线光电子能谱仪(Kratos-AXIS ULTRA)对 ITO/钴铝层状双金属氢氧化物的结构进行材料表征。

利用 Keithley 4200 型半导体参数测试仪对忆阻器的电学特性进行表征。在测量忆阻器的电学特性时,始终将底电极接地。

9.2　钴铝层状双金属氢氧化物吸附阿特拉津忆阻器的阻变特性

图 9-1(a)为钴铝层状双金属氢氧化物的化学结构图。钴铝层状双金属氢氧化物具有典型的水镁石正八面体结构。片层由金属-氧八面体组成。由于八面体中心的 Co 被半径相近的 Al 同晶取代,因此化合物中存在大量的永久性正电荷。两层之间的电平衡由可交换的阴离子维持。图 9-1(b)为阿特拉津的化学结构图。

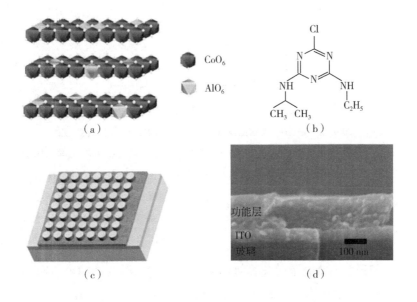

（a）　　　　　　　　　　　（b）

（c）　　　　　　　　　　　（d）

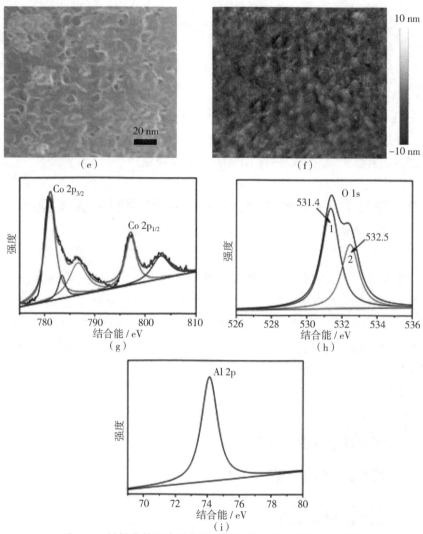

图 9-1　钴铝层状双金属氢氧化物的基本结构与各种特性图

（a）钴铝层状双金属氢氧化物的化学结构图；（b）阿特拉津的化学结构图；

（c）钴铝层状双金属氢氧化物吸附阿特拉津忆阻器的结构示意图；

（d）功能层横截面的扫描电镜图；（e）功能层上表面的扫描电镜图；

（f）功能层的原子力显微镜图；（g）钴铝层状双金属氢氧化物的 Co 2p 能谱；

（h）钴铝层状双金属氢氧化物的 O 1s 能谱；（i）钴铝层状双金属氢氧化物的 Al 2p 能谱

　　钴铝层状双金属氢氧化物吸附阿特拉津忆阻器的结构示意图如图 9-1
（c）所示。通过扫描电子显微镜（SEM）对顶部铝电极沉积前功能层的横截面进行表征,如图 9-1(d)所示,可以看到功能层的厚度约为 150 nm。功能层的俯视扫描电镜图如图 9-1(e)所示。功能层的原子力显微镜图如图 9-1(f)所示。从图中可以看出,功能层表面均匀,表面粗糙度约为 8.76 nm,表明功能层具有良好的平整度。

　　XPS 技术是鉴定物质中所含元素并分析其价态的最直接的表征方法。图 9-1(g)为钴铝层状双金属氢氧化物的 Co 2p 能谱。从能谱上可以清楚地看到钴铝层状双金属氢氧化物中的 Co 由于自旋轨道的相互作用分裂出两个能量峰,分别为 Co $2p_{3/2}$ 和 Co $2p_{1/2}$。Co $2p_{3/2}$ 位于 781.1 eV 处,Co $2p_{1/2}$ 位于 797.1 eV 处,自旋能量分离 16.0 eV,证明 Co 离子的物质存在形式为 $Co(OH)_2$,而其余三个卫星峰表明 Co 离子的形式为 Co^{2+}。

　　图 9-1(h)为钴铝层状双金属氢氧化物的 O 1s 能谱。根据其峰位可以判断出 O 离子的形式为 O^{2-}。由于 O 1s 能谱不对称,在 O 1s 上通过高斯峰模拟合成两个氧峰,分别位于 531.4 eV 处和 532.5 eV 处,分别对应 Co—OH 和/或 Al—OH 中的氧和化学吸附氧。其中 Co—OH 和/或 Al—OH 占60.8%,化学吸附氧占 39.2%。钴铝层状双金属氢氧化物的 Al 2p 能谱如图9-1(i)所示。从图中可以看出,Al 2p 能谱位于 74.1 eV 处,证明 Al 离子的形式为 Al^{3+}。钴铝层状双金属氢氧化物的微观结构如图 9-2 所示。

图 9-2　钴铝层状双金属氢氧化物的微观结构

9.2.1　器件 1 的阻变特性

　　吸附阿特拉津的含量对该忆阻器的阻变特性有显著影响。A、B、C 三个样本都展示了非易失性快闪存储特性(三个样本具有同样的非易失性快闪存储特性,但每个样本的开关电阻比有所不同,下面会具体阐明),D、E、F 三个样本都展示了写一次、读多次的 WORM 存储特性(三个样本具有同样的非易失性写一次、读多次的 WORM 存储特性,但每个样本的阈值电压有所不同,下面会具体阐明)。对这两种阻变特性的忆阻器分别选择一个样本进行说明。因此,两种忆阻器分别标记为 Co-Al LDHs+Atrazine1(样品 A)和 Co-Al LDHs+Atrazine2(样品 D)。

  基于样品 B、C 制备的忆阻器的 I-V 曲线如图 9-3、图 9-4 所示,基于样品 E、F 制备的忆阻器的 I-V 曲线如图 9-5、图 9-6 所示。

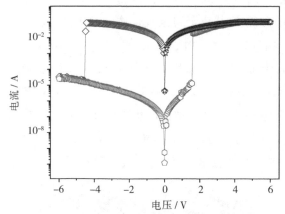

图 9-3　基于样本 B 制备的忆阻器的 I-V 曲线

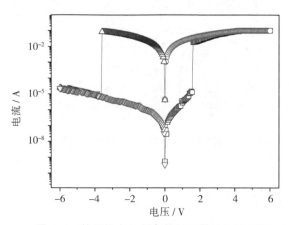

图 9-4　基于样本 C 制备的忆阻器的 I-V 曲线

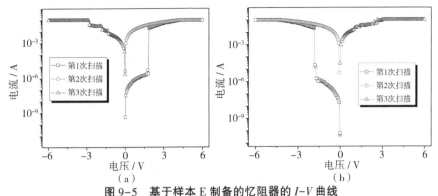

图9-5　基于样本E制备的忆阻器的I-V曲线

（a）初始态施加正向电压；（b）初始态施加负向电压

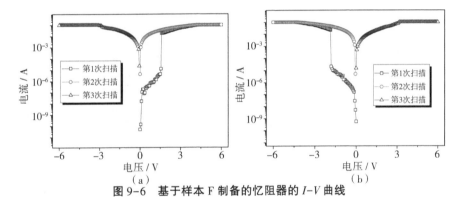

图9-6　基于样本F制备的忆阻器的I-V曲线

（a）初始态施加正向电压；（b）初始态施加负向电压

从图9-7（a）可以看出，Co-Al LDHs +Atrazine1忆阻器最初处于高阻态。应用于忆阻器的直流电压扫描顺序为0 V到6 V，0 V到6 V，0 V到 -6 V，0 V到-6 V，电压扫描步长为0.01 V。在第一次电压扫描中，电压从 0 V扫描到6 V，电流在电压为1.22 V时突然地增大，忆阻器从高阻态转换到低阻态，这相当于数字信息存储过程中的写操作，阈值电压V_{SET}为 1.22 V。在第二次电压扫描中，电压从0 V扫描到6 V，该忆阻器仍然保持在低阻态，即使关闭电源也没转换到高阻态。在第三次电压扫描中，电压从0 V 扫描到-6 V，电流在电压为-4.81 V时突然地减小，忆阻器由低阻态转换到高阻态，这相当于数字信息存储过程中的擦操作。在第四次电压扫描中，电压从 0 V扫描到-6 V，该忆阻器仍然保持在高阻态，并在关闭电源后仍保持在高阻态。此外，当重新施加外加电压至阈值电压时，忆阻器可以实现重写和重擦，表明该忆阻器具有存储功能,并且可以重新编程。图9-7(b)描述了该忆阻器在连续176次直流电压扫描下阻变特性的循环耐久特性。可再写的能力表明Co-Al LDHs+Atrazine1忆阻器具有非易失性快闪存储特性。

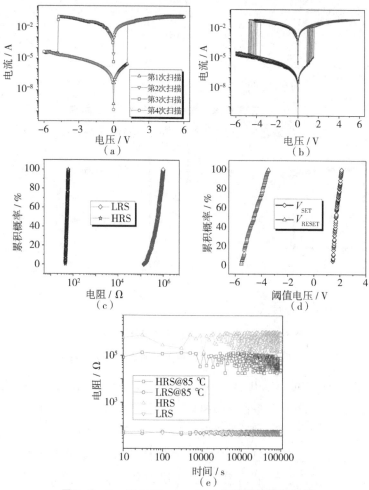

图9-7　Co-Al LDHs+Atrazine1 忆阻器的阻变特性

(a)Co-Al LDHs+Atrazine1 忆阻器的 *I-V* 曲线;

(b)Co-Al LDHs+Atrazine1 忆阻器的循环耐久特性;

(c)Co-Al LDHs+Atrazine1 忆阻器高阻态和低阻态电阻的累积概率;

(d)Co-Al LDHs+Atrazine1 忆阻器阈值电压的累积概率;

(e)Co-Al LDHs+Atrazine1 忆阻器的数据保持特性

对 Co-Al LDHs+Atrazine1 忆阻器高阻态和低阻态电阻的累积概率进行了统计分析,如图 9-7(c)所示。还对 Co-Al LDHs+Atrazine1 忆阻器阈值电压 V_{SET} 和 V_{RESET} 的累积概率进行了分析,如图 9-7(d)所示。可以使用平均电压来完成 SET 和 RESET 操作。

9.2.2　器件 1 的数据保持特性

除 I-V 特性外,其他特性如脉冲激励下的数据保持特性和耐久特性对于评估忆阻器的性能而言同样至关重要。图 9-7(e)展示了 Co-Al LDHs+Atrazine1 忆阻器的数据保持特性。在 −1.5 V 恒定电压下,忆阻器的高阻态和低阻态均未观察到明显的电流波动,开关电阻比可保持在 10^4 以上。由于高温可能会导致部分存储单元失效,故采用温度加速失效试验来测试该忆阻器的温度特性。在 85℃ 下进行数据保持特性测试时,发现高温下忆阻器低阻态的电阻变化不大,而忆阻器高阻态的电阻随着时间的推移显著降低。

9.2.3　器件 2 的阻变特性

如图 9-8(a)和(b)所示,Co-Al LDHs+Atrazine2 忆阻器表现出完全不同的阻变特性。Co-Al LDHs+Atrazine2 忆阻器的直流电压扫描顺序为 0 V 到 6 V、0 V 到 6 V、0 V 到 −6 V、0 V 到 6 V,电压扫描步长为 0.01 V,Co-Al LDHs+Atrazine2 忆阻器最初处于高阻态。在第一次电压扫描中,电压从 0 V 扫描到 6 V,电流起初保持在一个相对较低的水平,直到达到电压 1.37 V 时,电流突然从 $9.57×10^{-6}$ A 增大到 0.024 A,表明该忆阻器从高阻态转换到低阻态。在第二次电压扫描中,电压从 0 V 扫描到 6 V,忆阻器保持在低阻态。在第三次电压扫描中,电压从 0 V 扫描到 −6 V,忆阻器不会从低阻态转换到高阻态,并且在接下来的正向电压扫描过程中忆阻器始终保持在低阻态,表明该忆阻器从高阻态到低阻态的转换是不可逆的。一旦 Co-Al LDHs+Atrazine2 忆阻器被转换为低阻态,它就无法回到原来的高阻态,这表明其具有非易失性存储特征。低阻态的不可逆和非易失性表明 Co-Al LDHs+Atrazine2 忆阻器具有 WORM 存储特性。它是一种一次写入、多次读取的存储器件,是不可重写的。一旦写入数据,就不能更改、擦除或覆盖。因此,它可应用于归档、文件存储或永久记录保存等对于数据的可靠性和安全性要求较高的工作。

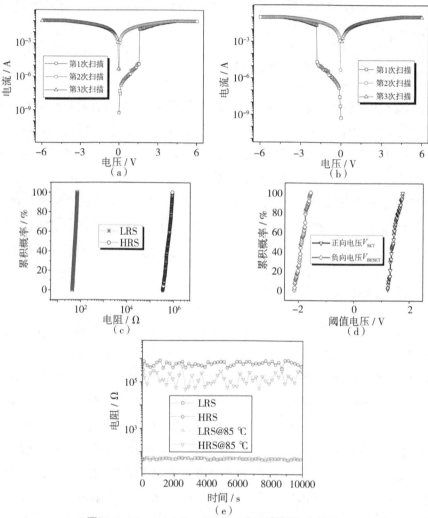

图 9-8　Co-Al LDHs+Atrazine2 忆阻器的阻变特性

（a）Co-Al LDHs+Atrazine2 忆阻器在初始正电压扫描下的 *I-V* 曲线；

（b）Co-Al LDHs+Atrazine2 忆阻器在初始负电压扫描下的 *I-V* 曲线；

（c）Co-Al LDHs+Atrazine2 忆阻器高阻态和低阻态电阻的累积概率；

（d）Co-Al LDHs+Atrazine2 忆阻器阈值电压的累积概率；

（e）0.5 V 恒压下 Co-Al LDHs+Atrazine2 忆阻器的数据保持特性

　　对 Co-Al LDHs+Atrazine2 忆阻器高阻态和低阻态电阻的累积概率进行了统计分析,如图 9-8(c)所示。对 Co-Al LDHs+Atrazine2 忆阻器正向和负向阈值电压 V_{SET} 的累积概率进行了分析,如图 9-8(d)所示。

9.2.4　器件 2 的数据保持特性

　　图 9-8(e)为 Co-Al LDHs+Atrazine2 忆阻器的数据保持特性。在 0.5 V 恒定电压下,忆阻器的高阻态和低阻态均没有明显的电流波动,开关电阻比可以保持在 10^3 左右。同时还对 Co-Al LDHs+Atrazine2 忆阻器进行了温度加速失效试验来测试该忆阻器的温度特性。在 85 ℃条件下进行了数据保持特性测试,发现低阻态的电阻变化不大,而高阻态的电阻随时间的推移显著降低。由于 WORM 一旦设置为低阻态就不能复位到高阻态,所以该忆阻器不能通过施加电压来实现两种状态之间的自由切换。

9.3　阻变机制分析

　　为了更好地理解两种忆阻器的阻变机制,将忆阻器的 $I\text{-}V$ 曲线在双对数坐标系中重新绘制。图 9-9 描述了对 Co-Al LDHs+Atrazine 忆阻器高阻态和低阻态的线性拟合。对于低阻态而言,忆阻器的拟合斜率为 1.05 和 1.03,非常接近于 1,这表明忆阻器的低阻态遵循欧姆定律。忆阻器高阻态在低电压区域的拟合斜率分别为 1.07 和 1.11,在高电压区域的拟合斜率分别为 1.87 和 2.09,遵循 Child's 定律,这符合空间电荷限制电流机制。这一过程可能是在电极和功能层之间的界面上产生的陷阱引起的。当顶部铝电极沉积时,铝原子会扩散到功能层中,形成电流传导的杂质带。因此,在电极功能层异质结处会出现由被捕获电子引起的能带的弯曲。

　　为了分析陷阱的组成,陷阱密度 N_{trap} 计算公式为:

$$V_{TFL} = eN_{trap}L^2/(2\varepsilon\varepsilon_0)$$

其中 V_{TFL} 为陷阱填充的极限电压,L 为功能层厚度[见图 9-1(d)中的扫描电镜图像],ε 为阻变材料的相对介电常数,ε_0 为真空介电常数。计算得出 Co-Al LDHs+Atrazine1 忆阻器和 Co-Al LDHs+Atrazine2 忆阻器的 N_{trap} 分别为 $3.64×10^{16}$ cm^{-3} 和 $2.93×10^{16}$ cm^{-3},表明钴铝层状双金属氢氧化物层板中

的捕获中心来自于金属阳离子。根据以上分析可以得出结论,两种忆阻器的高阻态和低阻态的导电机制完全不同。低阻态遵循欧姆定律,而高阻态遵循空间电荷限制电流机制。

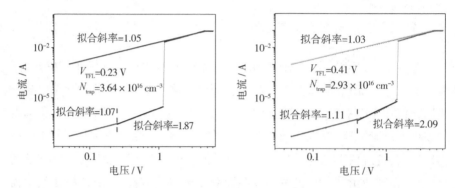

图 9-9　钴铝层状双金属氢氧化物吸附阿特拉津忆阻器 *I–V* 曲线的线性拟合

（a）Co-Al LDHs+Atrazine1 忆阻器；（b）Co-Al LDHs+Atrazine2 忆阻器

根据以往的报道,阻变存储单元的电阻几乎与器件尺寸无关,说明阻变过程是一种局部行为。通过电阻对器件尺寸的依赖关系可以进一步确定细丝导电机制。如图 9-10 所示,不同尺寸的阻变存储单元对忆阻器高阻态和低阻态的电阻无明显影响。结果表明,阻变过程在钴铝层状双金属氢氧化物吸附阿特拉津忆阻器中属于细丝导电。

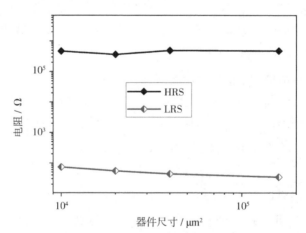

图 9-10　器件尺寸与钴铝层状双金属氢氧化物

吸附阿特拉津忆阻器高阻态和低阻态电阻的依赖关系

为了分析导电通道的组成,计算了导电细丝的电阻率。一般情况下,RRAM 导电细丝的直径为 8~10 nm。在钴铝层状双金属氢氧化物吸附阿特拉津忆阻器中,导电细丝的电阻率约为 2.75×10^{-8} $\Omega \cdot$ cm,该数据由电阻为 3.3577×10^5 Ω (0.477×10^{-7} A 对应 1.22 V 的阈值电压)和导电细丝的直径为 10 nm,长度为 152 nm[见图 9-1(d)的扫描电镜图像]得出。该导电细丝的电阻率接近铝的电阻率(2.83×10^{-8} $\Omega \cdot$ m,273 K)。据此推测,导电细丝是由铝形成的。为了进一步证实这一推测,我们测试了忆阻器低阻态时电阻的温度依赖性,如图 9-11 所示。根据电阻与温度的关系计算,电阻温度系数为 4.31×10^{-3} K^{-1},这证实了铝导电细丝的存在。

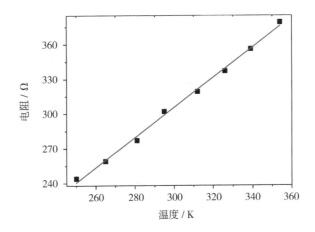

图 9-11　忆阻器低阻态电阻与温度的依赖关系

功能层与顶部铝电极之间形成的氧化层 AlO_x 对阻变特性会产生影响。根据以往的研究,当铜作为顶电极时,由于其具有稳定的电活性,可以有效抑制氧化层的形成,并能有效提高忆阻器的性能,因此,测试了以铜为顶电极的 Co-Al LDHs+Atrazine2 忆阻器的 I-V 曲线。在扫描电压为 ±6 V 时,没有观察到顶部铜电极的阻变特性,如图 9-12(a)所示。为了研究在更高电压下铜导电细丝形成的可能性,将扫描电压增加到 ±10 V,如图 9-12(b)(c)所示。从图中可以看出,该忆阻器具有典型的 WORM 存储特性,开关电阻比更高,阈值电压相对于顶部铝电极构成的忆阻器更高,这可能与电流过调效应有关。

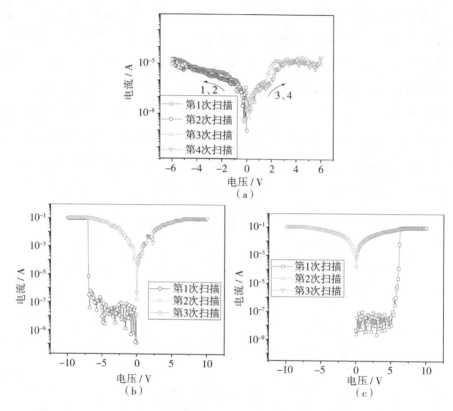

图 9-12　铜为顶电极的 Co-Al LDHs Atrazine 2 忆阻器的 I-V 曲线

（a）扫描电压为 ±6 V 时，该忆阻器的 I-V 曲线；

（b）扫描电压为 -10 V 时，该忆阻器的 I-V 曲线；

（c）扫描电压为 10 V 时，该忆阻器的 I-V 曲线

钴铝层状双金属氢氧化物具有层状结构，其层板中独特的层状结构可以为阻变过程中的电荷传递提供通道，并保证其阻变特性。钴铝层状双金属氢氧化物具有丰富的电活性位点，且层板之间具有大比表面积，因此小分子阿特拉津很容易吸附在层板表面。此外，阿特拉津中的氯离子具有很强的还原性，这些特性能够保证电荷瞬时转移。钴离子可以调节材料的结晶度和纳米片的结构，钴作为过渡金属，其多价态的转化可以弥补铝离子转移

造成的电荷损失,有效防止结构坍塌。铝离子和钴离子的同晶取代形成长程无序结构。$Co(OH)_2$ 与材料中的富氢氧化物反应可转化为 CoOOH,转化后的 CoOOH 具有较强的导电性,有利于电子的快速转移。

钴铝层状双金属氢氧化物主体层板中的金属阳离子具有很强的吸电子能力,作为陷阱的中心,大量的电子被其捕获。被主体层板吸附的阿特拉津可以在邻近层板上提供丰富的电子通路,热蒸发过程中引入的铝离子很容易被吸引和还原,并在钴铝层状双金属氢氧化物层间形成导电细丝。当达到阈值电压时,更多的电子通过铝导电细丝传递,电流明显增大,载流子沿铝导电细丝通过钴铝层状双金属氢氧化物主体层板更容易传递,导致忆阻器由高阻态转换到低阻态。当施加反向电压时,被金属离子捕获的电子被释放出来,铝离子被氧空位氧化,导致通道断开,忆阻器由低阻态转换到高阻态。因此,Co-Al LDHs+Atrazine1 忆阻器具有可再写快闪存储特性。随着阿特拉津吸附量的进一步增加和氯离子浓度的增加,更多的载流子在转换前被捕获,更多的铝离子被吸引并被还原形成导电通道,大量被氧化的氯离子吸附在钴铝层状双金属氢氧化物主体层板上,即使施加反向电压,载流子通道也仍然存在,因此,Co-Al LDHs+Atrazine2 忆阻器具有非易失性 WORM 存储特性。

9.4　阿特拉津吸附检测

表 9-1 为钴铝层状双金属氢氧化物吸附阿特拉津忆阻器的阻变特性及相关参数汇总,根据钴铝层状双金属氢氧化物吸附阿特拉津忆阻器中阿特拉津浓度的不同(0.1 mg/mL、1 mg/mL、5 mg/mL、10 mg/mL、20 mg/mL 和 30 mg/mL),忆阻器的阻变特性主要分为两类,分别是可再写的快闪阻变特性和不可再写的 WORM 阻变特性。在表现出可再写的快闪阻变特性的忆阻器中,随着阿特拉津浓度的增大,忆阻器的关态电流也增大。在表现出不可再写的 WORM 阻变特性的忆阻器中,随着阿特拉津浓度的增大,忆阻器的阈值电压也降低。

表 9-1   钴铝层状双金属氢氧化物吸附阿特拉津忆阻器的阻变特性和参数

Co-Al LDHs	50 mg	50 mg	50 mg	50 mg	50 mg	50 mg
5 mL 阿拉特津水溶液	0.1 mg/mL	1mg/mL	5mg/mL	10 mg/mL	20 mg/mL	30 mg/mL
样本编号	A	B	C	D	E	F
阻变特性	快闪	快闪	快闪	WORM	WORM	WORM
关态电流	8.3×10^{-7}A	3.4×10^{-6}A	1.6×10^{-6}A	—	—	—
阈值电压	—	—	—	−1.85V/ 1.85V	−1.45V/ 1.55V	−1.15V/ 1.15V

依据如上阻变特性和相关参数,可初步判断阿特拉津浓度的高低(0.1 mg/mL、1 mg/mL 和 5 mg/mL 可定义为低浓度,10 mg/mL、20 mg/mL 和 30 mg/mL 可定义为高浓度)。若为低浓度,则可根据忆阻器的关态电流来区分其具体浓度(0.1 mg/mL、1 mg/mL 或 5 mg/mL);若为高浓度,则可根据器件阈值电压来区分其具体浓度(10 mg/mL、20 mg/mL 或 30 mg/mL)。

9.5   本章小结

本章研究了吸附小分子阿特拉津对钴铝层状双金属氢氧化物复合薄膜非易失性阻变特性的影响。通过改变钴铝层状双金属氢氧化物复合薄膜中阿特拉津的吸附量,可以控制器件的非易失性阻变特性。从 $I-V$ 曲线上可以看出明显不同的 WORM 存储特性和可再写的快闪存储特性。在恒压作用下,具有 WORM 存储特性和可再写的快闪存储特性忆阻器的电流都是稳定的。分析了钴铝层状双金属氢氧化物吸附阿特拉津后的非易失性阻变特性变化的原因,并找到了阿特拉津浓度与阻变特性和相关参数之间的关系,进一步可以利用不同吸附量所对应的阻变特性实现阿特拉津浓度的检测。

参考文献

[1] MICHELONI R, PICCA M, AMATO S, et al. Non-volatile memories for removable media[J]. Proceedings of the IEEE, 2009, 97(1): 148-160.

[2] LANKHORST M H R, KETELAARS B W S M M, WOLTERS R A M. Low-cost and nanoscale non-volatile memory concept for future silicon chips[J]. Nature Materials, 2005, 4 (4): 347-352.

[3] LAI S K. Flash memories: successes and challenges[J]. IBM Journal of Research and Development, 2008, 52(4): 529-535.

[4] BEA J C, SONG Y H, LEE K W, et al. Cell characteristics of a multiple alloy nano-dots memory stucture [J]. Semiconductor Science and Technology, 2009, 24(8): 085013.

[5] ZHAO C, ZHAO C Z, TAYLOR S, et al. Review on non-volatile memory with high-k dielectrics: flash for generation beyond 32 nm[J]. Materials, 2014, 7(7):5117-5145.

[6] HE G, ZHU L Q, SUN Z Q, et al. Integrations and challenges of novel high-k gate stacks in advanced CMOS technology [J]. Progress in Materials Science, 2011, 56(5):475-572.

[7] WULF W A, MCKEE S A. Hitting the memory wall: implications of the obvious[J]. ACM SIGARCH Computer Architecture News, 1995, 23 (1): 20-24.

[8] HUANG P, KANG J F, ZHAO Y D, et al. Reconfigurable nonvolatile logic operations in resistance switching crossbar array for large-scale circuits[J]. Advanced Materials, 2016, 28(44):9758-9764.

[9] HENNESSY J L, PATTERSON D A. Computer architecture, fifth edition:

a quantitative approach[M]. San Francisco: Morgan Kaufmann, 2011.

[10] ODAIRA R, NAKATANI T. Continuous object access profiling and optimizations to overcome the memory wall and bloat[J]. ACM SIGARCH Computer Architecture News, 2012, 40(1):147-158.

[11] JACOB P, ZIA A, ERDOGAN O, et al. Mitigating memory wall effects in high-clock-rate and multicore CMOS 3-D processor memory stacks[J]. Proceedings of the IEEE, 2009, 97(1):108-122.

[12] HASEGAWA T, TERABE K, TSURUOKA T, et al. Atomic switch: atom/ion movement controlled devices for beyond von-neumann computers [J]. Advanced Materials, 2012, 24(2): 252-267.

[13] WRIGHT C D, LIU Y W, KOHARY K I, et al. Arithmetic and biologically – inspired computing using phase – change materials [J]. Advanced Materials, 2011, 23(30): 3408-3413.

[14] WRIGHT C D, HOSSEINI P, DIOSDADO J A V. Beyond von-Neumann computing with nanoscale phase-change memory devices[J]. Advanced Functional Materials, 2013, 23(18): 2248-2254.

[15] TOUR J M, HE T. The fourth element[J]. Nature, 2008, 453:42-43.

[16] STRUKOV D B, SNIDER G S, STEWART D R, et al. The missing memristor found[J]. Nature, 2008, 453,80-83.

[17] DITTMANN R, MUENSTERMANN R, KRUG I, et al, Scaling potential of local redox processes in memristive $SrTiO_3$ thin – film devices [J]. Proceedings of the IEEE, 2012, 100(6): 1979-1990.

[18] KOZICKI M N, YUN M, HILT L, et al. Applications of programmable resistance changes in metal – doped chalcogenides [J]. Journal of the Electrochemical Society, 1999,146(13):298-309.

[19] ZHU J G. Magnetoresistive random access memory: the path to competitiveness and scalability[J]. Proceedings of the IEEE, 2008, 96 (11): 1786-1798.

[20] WONG H S P, RAOUX S, KIM S, et al. Phase change memory[J]. Proceedings of the IEEE, 2010, 98(12): 2201-2227.

[21] WONG H S P, LEE H Y, YU S M, et al. Metal-oxide RRAM[J]. Proceedings of the IEEE, 2012, 100(6): 1951-1970.

[22] MEIJER G I. Who wins the nonvolatile memory race[J]. Science, 2008, 319(5870): 1625-1626.

[23] YANG J J, STRUKOV D B, STEWART D R. Memristive devices for computing[J]. Nature Nanotechnology, 2013, 8(1): 13-24.

[24] LEE M J, LEE C B, LEE D, et al. A fast, high-endurance and scalable non-volatile memory device made from asymmetric Ta_2O_{5-x}/TaO_{2-x} bilayer structures[J]. Nature Materials, 2011, 10(8): 625-630.

[25] MIAO F, YI W, GOLDFARB I. Continuous electrical tuning of the chemical composition of TaO_x-based memristors[J]. ACS Nano, 2012, 6(3): 2312-2318.

[26] YANG Y C, CHOI S Y, LU W D. Oxide heterostructure resistive memory [J]. Nano Letters, 2013, 13(6): 2908-2915.

[27] TSURUOKA T, TERABE K, HASEGAWA T, et al. Temperature effects on the switching kinetics of a $Cu-Ta_2O_5$-based atomic switch [J]. Nanotechnology, 2011, 22(25): 254013.

[28] TSURUOKA T, HASEGAWA T, TERABE K, et al. Conductance quantization and synaptic behavior in a Ta_2O_5-based atomic switch[J]. Nanotechnology, 2012, 23(43): 435705.

[29] TSURUOKA T, HASEGAWA T, VALOV I, et al. Rate-limiting processes in the fast SET operation of a gapless-type $Cu-Ta_2O_5$ atomic switch[J]. AIP Advances, 2013, 3(3): 032114.

[30] WEDIG A, LUEBBEN M, CHO D Y, et al. Nanoscale cation motion in TaO_x, HfO_x and TiO_x memristive systems [J]. Nature Nanotechnology, 2015,11: 67-74.

[31] YU S M, CHEN H Y, GAO B, et al. HfO_x-based vertical resistive switching random access memory suitable for bit-cost-effective three-dimensional cross-point architecture [J]. ACS Nano, 2013, 7(3): 2320-2325.

[32] BALATTI S, LARENTIS S, GILMER D, et al. Multiple memory states in resistive switching devices through controlled size and orientation of the conductive filament [J]. Advanced Materials, 2013, 25 (10): 1474-1478.

[33] LONG S B, PERNIOLA L, CAGLI C, et al. Voltage and power-controlled regimes in the progressive unipolar RESET transition of HfO_2-based RRAM[J]. Scientific Reports, 2013, 3: 2929.

[34] SCHINDLER C, THERMADAM S C P, WASER R, et al. Bipolar and unipolar resistive switching in Cu-Doped SiO_2[J]. IEEE Transactions on Electron Devices, 2007, 54(10): 2762-2768.

[35] YAO J, SUN Z Z, ZHONG L, et al. Resistive switches and memories from silicon oxide[J]. Nano Letters, 2010, 10(10): 4105-4110.

[36] CHOI B J, TORREZAN A C, NORRIS K J, et al. Electrical performance and scalability of Pt dispersed SiO_2 nanometallic resistance switch[J]. Nano Letters, 2013, 13(7): 3213-3217.

[37] PARK K, LEE J S. Flexible resistive switching memory with a $Ni/CuO_x/Ni$ structure using an electrochemical deposition process[J]. Nanotechnology, 2016, 27(12):125203.

[38] XU Z, BANDO Y, WANG W, et al. Real-time in situ HRTEM-resolved resistance switching of Ag_2S nanoscale ionic conductor[J]. ACS Nano, 2010, 4(5): 2515-2522.

[39] JANG J, PAN F, BRAAM K, et al. Resistance switching characteristics of solid electrolyte chalcogenide Ag_2Se nanoparticles for flexible nonvolatile memory applications [J]. Advanced Materials, 2012, 24 (26): 3573-3576.

[40] NAYAK A, OHNO T, TSURUOKA T, et al. Controlling the synaptic plasticity of a Cu_2S gap-type atomic switch[J]. Advanced Functional Materials, 2012, 22(17): 3606-3613.

[41] HURK J V D, HAVEL V, LINN E, et al. $Ag/GeS_x/Pt$-based complementary resistive switches for hybrid CMOS/Nanoelectronic logic

and memory architectures[J]. Scientific Reports, 2013, 3: 2856.

[42] SUN B, ZHAO W X, LIU Y H, et al. Resistive switching effect of Ag/MoS$_2$/FTO device [J]. Functional Materials Letters, 2015, 8 (1):1550010.

[43] CHEN Y, ZHANG B, LIU G, et al. Graphene and its derivatives: switching ON and OFF[J]. Chemical Society Reviews, 2012, 41(13): 4688-4707.

[44] JEONG H Y, KIM J Y, KIM J W, et al. Graphene oxide thin films for flexible nonvolatile memory applications [J]. Nano Letters, 2010, 10 (11): 4381-4386.

[45] ZHUGE F, DAI W, HE C L, et al. Nonvolatile resistive switching memory based on amorphous carbon[J]. Applied Physics Letters, 2010, 96(16): 163505.

[46] CHAI Y, WU Y, TAKEI K, et al. Nanoscale bipolar and complementary resistive switching memory based on amorphous carbon [J]. IEEE Transactions on Electron Devices, 2011, 58(11): 3933-3939.

[47] HE C L, SHI Z W, ZHANG L C, et al. Multilevel resistive switching in planar graphene/SiO$_2$ nanogap structures[J]. ACS Nano, 2012, 6(5): 4214-4221.

[48] WANG X M, XIE W G, DU J, et al. Graphene/metal contacts: bistable states and novel memory devices [J]. Advanced Materials, 2012, 24 (19): 2614-2619.

[49] HWANG S K, LEE J M, KIM S J, et al. Flexible multilevel resistive memory with controlled charge trap B- and N-doped carbon nanotubes [J]. Nano Letters, 2012, 12(5): 2217-2221.

[50] HE C L, LI J F, WU X, et al. Tunable electroluminescence in planar graphene/SiO$_2$ memristors [J]. Advanced Materials, 2013, 25 (39): 5593-5598.

[51] ZHAO X N, XU H Y, WANG Z Q, et al. Nonvolatile/volatile behaviors and quantized conductance observed in resistive switching memory based

on amorphous carbon[J]. Carbon, 2015, 91: 38-44.

[52] SIEBENEICHER P, KLEEMANN H, LEO K, et al. Non-volatile organic memory devices comprising SiO_2 and C_{60} showing 10^4 switching cycles[J]. Applied Physics Letters, 2012, 100(19): 193301.

[53] JO S H, KIM K H, LU W. High-density crossbar arrays based on a Si memristive system[J]. Nano Letters, 2009, 9(2): 870-874.

[54] JO S H, LU W. CMOS compatible nanoscale nonvolatile resistance switching memory[J]. Nano Letters, 2008, 8(2): 392-397.

[55] MUENSTERMANN R, MENKE T, DITTMANN R, et al. Coexistence of filamentary and homogeneous resistive switching in Fe-doped $SrTiO_3$ thin-film memristive devices [J]. Advanced Materials, 2010, 22(43): 4819-4822.

[56] YAN Z B, GUO Y Y, ZHANG G Q, et al. High-performance programmable memory devices based on Co-doped $BaTiO_3$[J]. Advanced Materials, 2011, 23(11): 1351-1355.

[57] YANG M, BAO D H, LI S W. Coexistence of nonvolatility and volatility in Pt/Nb-doped $SrTiO_3$/In memristive devices[J]. Journal of Physics D: Applied Physics, 2013, 46(49): 495111.

[58] CHOI J, PARK S, LEE J, et al. Organolead halide perovskites for low operating voltage multilevel resistive switching[J]. Advanced Materials, 2016, 28(31): 6562-6567.

[59] HOTA M K, BERA M K, KUNDU B, et al. A natural silk fibroin protein-based transparent bio-memristor [J]. Advanced Functional Materials, 2012, 22(21): 4493-4499.

[60] ZHANG C C, SHANG J, XUE W H, et al. Convertible resistive switching characteristics between memory switching and threshold switching in a single ferritin-based memristor[J]. Chemical Communications, 2016, 52(26): 4828-4831.

[61] HOSSEINI N R, LEE J S. Controlling the resistive switching behavior in starch-based flexible biomemristors [J]. ACS Applied Materials &

Interfaces, 2016, 8(11): 7326- 7332.

[62] CHO B, SONG S, JI Y, et al. Organic resistive memory devices: performance enhancement, integration, and advanced architectures[J]. Advanced Functional Materials, 2011, 21(15): 2806-2829.

[63] CHO B, YUN J M, SONG S, et al. Direct observation of Ag filamentary paths in organic resistive memory devices[J]. Advanced Functional Materials, 2011, 21 (20): 3976-3981.

[64] HAHM S G, KANG N G, KWON W S, et al. Programmable bipolar and unipolar nonvolatile memory devices based on poly(2-(N-carbazolyl) ethyl methacrylate) end-capped with fullerene[J]. Advanced Materials, 2012, 24(8): 1062-1066.

[65] HONG E Y H, POON C T, YAM V W W. A phosphole oxide-containing organogold (Ⅲ) complex for solution – processable resistive memory devices with ternary memory performances[J]. Journal of the American Chemical Society, 2016, 138(20): 6368-6371.

[66] KIM Y, YOO D, JANG J, et al. Characterization of PI:PCBM organic nonvolatile resistive memory devices under thermal stress[J]. Organic Electronics, 2016, 33: 48-54.

[67] KO Y G, KIM D M, KIM K, et al. Digital memory versatility of fully π-conjugated donor-acceptor hybrid polymers[J]. ACS Applied Materials & Interfaces, 2014, 6(11): 8415-8425.

[68] YEN H J, TSAI H, KUO C Y, et al. Flexible memory devices with tunable electrical bistability *via* controlled energetics in donor-donor and donor-acceptor conjugated polymers[J]. Journal of Materials Chemistry C, 2014, 2(22): 4374-4378.

[69] MANGALAM J, AGARWAL S, RESMI A N, et al. Resistive switching in polymethyl methacrylate thin films[J]. Organic Electronics, 2016, 29: 33-38.

[70] KHAN M A, BHANSALI U S, CHA D, et al. All-polymer bistable resistive memory device based on nanoscale phase-separated PCBM-

ferroelectric blends[J]. Advanced Functional Materials, 2013, 23(17): 2145-2152.

[71] LIU G, LING Q D, TEO E Y H, et al. Electrical conductance tuning and bistable switching in poly(N-vinylcarbazole)-carbon nanotube composite films[J]. ACS Nano, 2009, 3(7):1929-1937.

[72] ZHANG Q, PAN J, YI X, et al. Nonvolatile memory devices based on electrical conductance tuning in poly (N – vinylcarbazole) – graphene composites[J]. Organic Electronics, 2012, 13(8):1289-1295.

[73] SHIM J H, JUNG J H, LEE M H, et al. Memory mechanisms of nonvolatile organic bistable devices based on colloidal $CuInS_2$/ZnS core-shell quantum dot-poly(N-vinylcarbazole) nanocomposites[J]. Organic Electronics, 2011, 12(9): 1566 -1570.

[74] CHOI J S, KIM J H, KIM S H, et al. Nonvolatile memory device based on the switching by the all–organic charge transfer complex [J]. Applied Physics Letters, 2006, 89(15):152111.

[75] CHO B, KIM T W, CHOE M, et al. Unipolar nonvolatile memory devices with composites of poly (9 – vinylcarbazole) and titanium dioxide nanoparticles[J]. Organic Electronics, 2009, 10(03):473-477.

[76] SON D I, PARK D H, KIM J B, et al. Bistable organic memory device with gold nanoparticles embedded in a conducting poly(N-vinylcarbazole) colloids hybrid[J]. The Journal of Physical Chemistry C, 2011, 115(5): 2341-2348.

[77] SONG Y, LING Q D, LIM S L, et al. Electrically bistable thin-film device based on PVK and GNPs polymer material[J]. IEEE Electron Device Letters, 2007, 28(2): 107-110.

[78] MÖLLER S, PERLOV C, JACKSON W, et al. A polymer/semiconductor write-once read-many-times memory[J]. Nature, 2003,426:166-169.

[79] WANG Z S, ZENG F, YANG J, et al. Resistive switching induced by metallic filaments formation through poly(3,4-ethylene-dioxythiophene): poly(styrenesulfonate)[J]. ACS Applied Materials & Interfaces, 2012,4

(1):447-453.

[80] BHANSALI U S, KHAN M A, CHA D, et al. Metal-free, single-polymer device exhibits resistive memory effect[J]. ACS Nano, 2013, 7 (12): 10518-10524.

[81] HA H, KIM O. Bipolar switching characteristics of nonvolatile memory devices based on poly (3, 4 - ethylenedioxythiophene): poly (styrenesulfonate) thin film [J]. Applied Physics Letters, 2008, 93 (3): 033309.

[82] KIM M, KIM O. Unipolar resistance switching in polymeric resistance random access memories[J]. Japanese Journal of Applied Physics, 2009, 48(6): 06FD02.

[83] LIU X H, JI Z Y, TU D Y, et al. Organic nonpolar nonvolatile resistive switching in poly (3,4-ethylene-dioxythiophene): polystyrenesulfonate thin film[J]. Organic Electronics, 2009, 10 (6):1191-1194.

[84] ÁVILA-NIÑO J A, MACHADO W S, SUSTATIA A O, et al. Organic low voltage rewritable memory device based on PEDOT: PSS/f-MWCNTs thin film[J]. Organic Electronics, 2012, 13(11):2582-2588.

[85] HUANG J Y, MA D G. Electrical switching and memory behaviors in organic diodes based on polymer blend films treated by ultraviolet ozone [J]. Applied Physics Letters, 2014, 105(9):093303.

[86] PARK B, LEE J, KIM O. Effect of glycerol on retention time and electrical properties of polymer bistable memory devices based on glycerol-modified PEDOT: PSS[J]. Journal of Nanoscience and Nanotechnology, 2012, 12(1): 469-474.

[87] SILVA F A R, SILVA L M, CESCHIN A M, et al. KDP/PEDOT:PSS mixture as a new alternative in the fabrication of pressure sensing devices [J]. Applied Surface Science, 2008, 255 (3): 734-736.

[88] YANG J, ZENG F, WANG Z S, et al. Modulating resistive switching by diluted additive of poly (vinylpyrrolidone) in poly (3, 4 - ethylenedioxythiophene): poly (styrenesulfonate)[J]. Journal of Applied

Physics, 2011, 110(11): 114518.

[89] MAMO M A, SUSTAITA A O, COVILLE N J, et al. Polymer composite of poly(vinyl phenol)-reduced graphene oxide reduced by vitamin C in low energy consuming write-once-read-many times memory devices[J]. Organic Electronics, 2013, 14(1):175-181.

[90] HU Y C, CHEN C J, YEN H J, et al. Novel triphenylamine-containing ambipolar polyimides with pendant anthraquinone moiety for polymeric memory device, electrochromic and gas separation applications [J]. Journal of Materials Chemistry, 2012, 22(38):20394-20402.

[91] HU B L, ZHU X J, CHEN X X, et al. A multilevel memory based on proton-doped polyazomethine with an excellent uniformity in resistive switching[J]. Journal of the American Chemical Society, 2012, 134(42): 17408-17411.

[92] GU P Y, ZHOU F, GAO J K, et al. Synthesis, characterization, and nonvolatile ternary memory behavior of a larger heteroacene with nine linearly fused rings and two different heteroatoms [J]. Journal of the American Chemical Society, 2013, 135(38): 14086-14089.

[93] CHEN C J, TSAI C L, LIOU G S. Electrically programmable digital memory behaviors based on novel functional aromatic polyimide/TiO_2 hybrids with a high ON/OFF ratio[J]. Journal of Materials Chemistry C, 2014, 2(16):2842-2850.

[94] ZHANG W B, WANG C, LIU G, et al. Thermally-stable resistive switching with a large ON/OFF ratio achieved in poly(triphenylamine)[J]. Chemical Communications, 2014, 50:11856-11858.

[95] BAO Q, LI H, LI Y, et al. Comparison of two strategies to improve organic ternary memory performance: 3-hexylthiophene linkage and fluorine substitution[J]. Dyes and Pigments, 2016,130:306-313.

[96] LAI P Y, CHEN J S. Electrical bistability and charge transport behavior in Au nanoparticle/poly(N-vinylcarbazole) hybrid memory devices[J]. Applied Physics Letters, 2008, 93(15):153305.

[97] LAI P Y, CHEN J S. Influence of electrical field dependent depletion at metal-polymer junctions on resistive switching of poly (N-vinylcarbazole) (PVK)-based memory devices[J]. Organic Electronics, 2009, 10(8): 1590-1595.

[98] YU A D, KUROSAWA T, CHOU Y H, et al. Tunable electrical memory characteristics using polyimide: polycyclic aromatic compound blends on flexible substrates[J]. ACS Applied Materials & Interfaces, 2013, 5 (11):4921-4929.

[99] CHEN C J, HU Y C, LIOU G S. Electrically bistable memory devices based on poly (triphenylamine) - PCBM hybrids [J]. Chemical Communications, 2013, 49(27): 2804-2806.

[100] MIAO S F, ZHU Y X, BAO Q, et al. Solution-processed small molecule donor/acceptor blends for electrical memory devices with fine-tunable storage performance[J]. The Journal of Physical Chemistry C, 2014, 118 (4): 2154-2160.

[101] TANG A W, QU S C, HOU Y B, et al. Electrical bistability and negative differential resistance in diodes based on silver nanoparticle-poly (N-vinylcarbazole) composites[J]. Journal of Applied Physics, 2010, 108 (9):094320.

[102] RAMANA C V V, MOODELY M K, KANNAN V, et al. Fabrication of stable low voltage organic bistable memory device [J]. Sensors and Actuators B: Chemical, 2012, 161(1): 684-688.

[103] POON C T, WU D, LAM W U, et al. A solution-processable donor-acceptor compound containing boron (Ⅲ) centers for small-molecule-based high - performance ternary electronic memory devices [J]. Angewandte Chemie International Edition, 2015, 54 (36): 10569-10573.

[104] HU B L, ZHUGE F, ZHU X J, et al. Nonvolatile bistable resistive switching in a new polyimide bearing 9-phenyl-9H-carbazole pendant [J]. Journal of Materials Chemistry, 2011, 22(2): 520-526.

［105］KIM D, JEONG H, HWANG W T, et al. Reversible switching phenomenon in diarylethene molecular devices with reduced graphene oxide electrodes on flexible substrates［J］. Advanced Functional Materials, 2015, 25(37): 5918-5923.

［106］HUANG C Y, HUANG C Y, TSAI T L, et al. Switching mechanism of double forming process phenomenon in ZrO_x/HfO_y bilayer resistive switching memory structure with large endurance［J］. Applied Physics Letters, 2014, 104(6): 062901.

［107］ISMAIL M, AHMED E, RANA A M, et al. Coexistence of bipolar and unipolar resistive switching in Al-doped ceria thin films for non-volatile memory applications［J］. Journal of Alloys and Compounds, 2015, 646: 662-668.

［108］KIM D C, LEE M J, AHN S E, et al. Improvement of resistive memory switching in NiO using IrO_2［J］. Applied Physics Letters, 2006, 88(23): 232106.

［109］CHANG W Y, CHENG K J, TSAI J M, et al. Improvement of resistive switching characteristics in TiO_2 thin films with embedded Pt nanocrystals［J］. Applied Physics Letters, 2009, 95(4): 042104.

［110］YU S M, LEE B, WONG H S P. Metal oxide resistive switching memory［J］. Functional Metal Oxide Nanostructures, 2012, 149:303-335.

［111］WANG Z Q, XU H Y, LI X H, et al. Synaptic learning and memory functions achieved using oxygen ion migration/diffusion in an amorphous InGaZnO memristor［J］. Advanced Functional Materials, 2012, 22(13): 2759-2765.

［112］BYUNG J C, YANG J J, ZHANG M X, et al. Nitride memristors［J］. Applied Physics A, 2012, 109(1): 1-4.

［113］KIM D J, LU H, RYU S, et al. Ferroelectric tunnel memristor［J］. Nano Letters, 2012, 12(11): 5697-5702.

［114］CHANTHBOUALA A, GARCIA V, CHERIFI RO, et al. A ferroelectric memristor［J］. Nature Materials, 2012, 11(10): 860-864.

［115］CHANG T, JO S H, KIM K H, et al. Synaptic behaviors and modeling of a metal oxide memristive device［J］. Applied Physics A, 2011, 102(4): 857-863.

［116］CHANG T, JO S H, LU W. Short-term memory to long-term memory transition in a nanoscale memristor［J］. ACS Nano, 2011, 5(9): 7669-7676.

［117］DURAISAMY N, MUHAMMAD N M, KIM H C, et al. Fabrication of TiO_2 thin film memristor device using electrohydrodynamic inkjet printing ［J］. Thin Solid Films, 2012, 520(15):5070-5074.

［118］YOON I S, CHOI J S, KIM Y S, et al. Memristor behaviors of highly oriented anatase TiO_2 film sandwiched between top Pt and bottom $SrRuO_3$ electrodes［J］. Applied Physics Express, 2011, 4(4):1101.

［119］HOTA M K, BERA M K, VERMA S, et al. Studies on switching mechanisms in Pd-nanodot embedded Nb_2O_5 memristors using scanning tunneling microscopy ［J］. Thin Solid Films, 2012, 520 (21): 6648-6652.

［120］XIA Q F, YANG J J, WU W, et al. Self-aligned memristor cross-point arrays fabricated with one nanoimprint lithography step［J］. Nano Letters, 2010, 10(8): 2909-2914.

［121］SHKABKO A, AGUIRRE M H, MAROZAU I, et al. Measurements of current-voltage-induced heating in the $Al/SrTiO_{3-x}N_y/Al$ memristor during electroformation and resistance switching［J］. Applied Physics Letters, 2009, 95(15): 152109.

［122］STRUKOV D B, ALIBART F, WILLIAMS R S. Thermophoresis/diffusion as a plausible mechanism for unipolar resistive switching in metal-oxide-metal memristors［J］. Applied Physics A, 2012, 107(3): 509-518.

［123］WU J, MCCREERY R L. Solid-state electrochemistry in molecule/TiO_2 molecular heterojunctions as the basis of the TiO_2 "memristor" ［J］. Journal of The Electrochemical Society, 2008, 156(1):29-37.

［124］CHOI K H, MUSTAFA M, RAHMAN K, et al. Cost-effective fabrication of memristive devices with ZnO thin film using printed electronics technologies[J]. Applied Physics A, 2012, 106(1): 165-170.

[125]ANDRÉ C, GARCIA V, CHERIFI R O, et al. A ferroelectric memristor [J]. Nature Materials, 2012, 11(10): 860-864.

[126]LEE T W, NICKEL J H. Memristor resistance modulation for analog applications [J]. IEEE Electron Device Letters, 2012, 33 (10): 1456-1458.

[127]MIAO F, STRACHAN J P, YANG J J, et al. Anatomy of a nanoscale conduction channel reveals the mechanism of a high - performance memristor[J]. Advanced Materials, 2011, 23(47): 5633-5640.

[128]WANG Z Q, XU H Y, LI X H, et al. Synaptic learning and memory functions achieved using oxygen ion migration/diffusion in an amorphous InGaZnO memristor[J]. Advanced Functional Materials, 2012, 22(13): 2759-2765.

[129]DURAISAMY N, MUHAMMAD N M, KIM H C, et al. Fabrication of TiO_2 thin film memristor device using electrohydrodynamic inkjet printing [J]. Thin Solid Films, 2012, 520(15): 5070-5074.

[130]YOON I S, CHOI J S, KIM Y S, et al. Memristor behaviors of highly oriented anatase TiO_2 film sandwiched between top Pt and bottom $SrRuO_3$ electrodes[J]. Applied Physics Express, 2011, 4(4):1101.

[131]KIM T H, JANG E Y, LEE N J, et al. Nanoparticle assemblies as memristors[J]. Nano Letters, 2010, 10(7): 2734.

[132]JOHNSON S L, SUNDARARAJAN A, HUNLEY D P, et al. Memristive switching of single - component metallic nanowires [J]. Nanotechnology, 2010, 21(12): 125204.

[133]HUANG C H, HUANG J S, LIN S M, et al. ZnO_{1-x} nanorod arrays/ZnO thin film bilayer structure: from homojunction diode and high-performance memristor to complementary 1D1R application[J]. ACS nano, 2012,6 (9): 8407-8414.

[134]LEE T, WANG W Y, REED M A. Mechanism of electron conduction in

self-assembled alkanethiol monolayer devices[J]. Annals of the New York Academy of Sciences, 2003, 1006(1): 21-35.

[135] YANG R, LI X M, YU W D, et al. The polarity origin of the bipolar resistance switching behaviors in metal/La$_{0.7}$Ca$_{0.3}$MnO$_3$/Pt junctions[J]. Applied Physics Letters, 2009, 95(7): 072105.

[136] SIIKADKO A, AGUIRRE M H, MAROZAU I, et al. Measurements of current-voltage-induced heating in the Al/SrTiO$_{3-x}$N$_y$/Al memristor during electroformation and resistance switching[J]. Applied Physics Letters, 2009, 95(15): 152109.

[137] MORENO C, MUNUERA C, VALENCIA S. Reversible resistive switching and multilevel recording in La$_{0.7}$Sr$_{0.3}$MnO$_3$ thin films for low cost nonvolatile memories[J]. Nano Letters, 2010, 10(10): 3828-3835.

[138] WILLIAMS R S. How we found the missing memristor[J]. IEEE Spectrum, 2008, 45(12): 28-35.

[139] LIANG X F, CHEN Y, SHI L, et al. Resistive switching and memory effects of AgI thin film[J]. Journal of Physics D: Applied Physics, 2007, 40(16): 4767-4770.

[140] LIAO Z M, HOU C, ZHANG H Z, et al. Evolution of resistive switching over bias duration of single Ag$_2$S nanowires[J]. Applied Physics Letters, 2010, 96(20): 203109.

[141] LONG S B, LIU Q, LV H B, et al. Resistive switching mechanism of Ag/ZrO$_2$:Cu/Pt memory cell[J]. Applied Physics A, 2011, 102(4): 915-919.

[142] YANG Y C, PAN F, LIU Q, et al. Fully room-temperature-fabricated nonvolatile resistive memory for ultrafast and high-density memory application[J]. Nano Letters, 2009, 9(4): 1636-1643.

[143] CAO X, LI X M, GAO X D, et al. Forming-free colossal resistive switching effect in rare-earth-oxide Gd$_2$O$_3$ films for memristor applications [J]. Journal of Applied Physics, 2009, 106(7): 073723.

[144] GREENLEE J D, PETERSBURG C F, CALLEY W L, et al. *In-situ*

oxygen X – ray absorption spectroscopy investigation of the resistance modulation mechanism in LiNbO$_2$ memristors [J]. Applied Physics Letters, 2012, 100(18): 182106.

[145] MORADPOUR A, SCHNEEGANS O, FRANGER S, et al. Resistive switching phenomena in LixCoO$_2$ thin films [J]. Advanced Materials, 2011, 23(36): 4141-4145.

[146] HOTA M K, BERA M K, VERMA S, et al. Studies on switching mechanisms in Pd – nanodot embedded Nb$_2$O$_5$ memristors using scanning tunneling microscopy [J]. Thin Solid Films, 2012, 520 (21): 6648-6652.

[147] PICKETT M D, BORGHETTI J, YANG J J, et al. Coexistence of memristance and negative differential resistance in a nanoscale metal – oxide – metal system [J]. Advanced Materials, 2011, 23 (15): 1730-1733.

[148] BERZINA T, EROKHINA S, CAMORANI P, et al. Electrochemical control of the conductivity in an organic memristor: a time–resolved X–ray fluorescence study of ionic drift as a function of the applied voltage[J]. ACS Applied Materials & Interfaces, 2009, 1(10): 2115-2118.

[149] PELLEGRINO L, MANCA N, KANKI T, et al. Multistate memory devices based on free–standing VO$_2$/TiO$_2$ microstructures driven by Joule self–heating[J]. Advanced Materials, 2012, 24(21):2929-2934.

[150] PODDAR P, FRIED T, MARKOVICH G. First – order metal – insulator transition and spin – polarized tunneling in Fe$_3$O$_4$ nanocrystals [J]. Physical Review B, 2002, 65(17): 172405.

[151] YOU Y H, SO B S, HWANG J H, et al. Impedance spectroscopy characterization of resistance switching NiO thin films prepared through atomic layer deposition [J]. Applied Physics Letters, 2006, 89 (22): 222105.

[152] BOZANO L D, KEAN B W, BEINHOFF M, et al. Organic materials and thin–film structures for cross – point memory cells based on trapping in

metallic nanoparticles [J]. Advanced Functional Materials, 2005, 15 (12): 1933-1939.

[153] AGAPITO L A, ALKIS S, KRAUSE J L, et al. Atomistic origins of molecular memristors [J]. The Journal of Physical Chemistry C, 2009, 113(48): 20713-20718.

[154] SCOTT J C, BOZANO L D. Nonvolatile memory elements based on organic materials [J]. Advanced Materials, 2007, 19(11): 1452-1463.

[155] PERSHIN Y V, VENTRA M D. Spin memristive systems: spin memory effects in semiconductor spintronics [J]. Physical Review B, 2008, 78 (11): 113309.

[156] FANG Y K, LIU C L, CHEN W C, et al. New random copolymers with pendant carbazole donor and 1, 3, 4 - oxadiazole acceptor for high performance memory device applications [J]. Journal of Materials Chemistry, 2011, 21(13):4778-4786.

[157] DUAN L, QIAO J, QIU Y D, et al. Strategies to design bipolar small molecules for OLEDs: donor-acceptor structure and non-donor-acceptor structure [J]. Advanced Materials, 2011, 23(9):1137-1144.

[158] OUYANG J Y, CHU C W, SZMANDA C R, et, al. Programmable polymer thin film and non-volatile memory device [J]. Nature Materials, 2004, 3:918-922.

[159] KONDO T, LEE S M, MALICKI M, et al. A nonvolatile organic memory device using ITO surfaces modified by Ag - nanodots [J]. Advanced Functional Materials, 2008, 18(7):1112-1118.

[160] KIM W T, JUNG J H, KIM T W. Carrier transport mechanisms in nonvolatile memory devices fabricated utilizing multiwalled carbon nanotubes embedded in a poly - 4 - vinyl - phenol layer [J]. Applied Physics Letters, 2009, 95(2): 022104.

[161] ÁVILA-NINO J A, SEGURA-CÁRDENAS E, SUSTAITA A O, et al. Nonvolatile write - once - read - many - times memory device with functionalized- nanoshells /PEDOT:PSS nanocomposites [J]. Materials

Science and Engineering: B, 2011, 176(5): 462-466.

[162]LIU G, LING Q D, KANG E T, et al. Bistable electrical switching and write - once read - many - times memory effect in a donor - acceptor containing polyfluorene derivative and its carbon nanotube composites[J]. Journal of Applied Physics, 2007, 102(2): 024502.

[163]CHANDRAKISHORE S, PANDURANGAN A. Facile synthesis of carbon nanotubes and their use in the fabrication of resistive switching memory devices[J]. RSC Advances, 2014, 4(20): 9905-9911.

[164]SONG Q, DING Y, WANG Z L, et al. Formation of orientation-ordered superlattices of magnetite magnetic nanocrystals from shape-segregated self-assemblies[J]. Journal of Physical Chemistry B, 2006, 110 (50): 25547-25550.

[165]SHI L, YE H B, LIU W L, et al. Tuning the electrical memory characteristics from WORM to flash by α - and β - substitution of the electron-donating naphthylamine moieties in functional polyimides [J]. Journal of Materials Chemistry C, 2013, 1(44):7387-7399.

[166]FOX G R, KRUPANIDHI S S. Nonlinear electrical properties of lead - lanthanum - titanate thin films deposited by multi - ion - beam reactive sputtering[J]. Journal of Applied Physics, 1993, 74(3):1949-1959.

[167]WANG H, DU Y M, LI Y T, et al. Configurable resistive switching between memory and threshold characteristics for protein - based devices [J]. Advanced Functional Materials, 2015, 25(25):3825-3831.

[168]LIU S J, LIN Z H, ZHAO Q, et al. Flash-memory effect for polyfluorenes with on - chain Iridium (III) complexes [J]. Advanced Functional Materials, 2011, 21(5): 979-985.

[169]ZHANG L, LI Y, SHI J, et al. Nonvolatile rewritable memory device based on solution - processable graphene/poly (3 - hexylthiophene) nanocomposite[J]. Materials Chemistry and Physics, 2013,142(2-3): 626-632.

[170]SHI L, TIAN G F, YE H B, et al. Volatile static random access memory

behavior of an aromatic polyimide bearing carbazole - tethered triphenylamine moieties[J]. Polymer, 2014, 55(5):1150-1159.

[171]CHU C W, OUYANG J Y, TSENG R, et al. Organic donor-acceptor system exhibiting electrical bistability for use in memory devices[J]. Advanced Materials, 2005,17(11):1440-1443.

[172]CHEN C J, HU Y C, LIOU G S. Electrically bistable memory devices based on poly (triphenylamine) - PCBM hybrids. Chemical Communications, 2013, 49(27): 2804-2806.

[173]LIU Z C, XUE F L, SU Y, et al. Electrically bistable memory device based on spin-coated molecular complex thin film[J]. IEEE Electron Device Letters, 2006, 27(3):151-153.

[174]CHEN J C, LIU C L, SUN Y S, et al. Tunable electrical memory characteristics by the morphology of self-assembled block copolymers: PCBM nanocomposite films[J]. Soft Matter, 2012, 8(2):526-535.

[175]LÜ W Z, WANG H L, JIA L L, et al. Tunable nonvolatile memory behaviors of PCBM-MoS$_2$ 2D nanocomposites through surface deposition ratio control[J]. ACS Applied Materials & Interfaces, 2018, 10(7): 6552-6559.

[176]KHAN M A, BHANSALI U S, CHA D K, et al. All-polymer bistable resistive memory device based on nanoscale phase-separated PCBM-ferroelectric blends[J]. Advanced Functional Materials, 2013, 23(17): 2145-2152.

[177]LING D Q, LIM S L, SONG Y, et al. Nonvolatile polymer memory device based on bistable electrical switching in a thin film of poly (N-vinylcarbazole) with covalently bonded C$_{60}$[J]. Langmuir, 2007, 23(1): 312-319.

[178]RAJA M, RYU S H, SHANMUGHARAJ A M. Thermal, mechanical and electroactive shape memory properties of polyurethane (PU)/poly (lactic acid) (PLA)/CNT nanocomposites[J]. European Polymer Journal, 2013, 49(11): 3492-3500.

[179]HA H, KIM O. Electrode−material−dependent switching characteristics of organic nonvolatile memory devices based on poly(3,4−ethylenedioxythio p−hene): poly(styrenesulfonate) film[J]. IEEE Electron Device Letters, 2010, 31(4):368− 370.

[180]HUANG C H, HUANG J S, LAI C C, et al. Manipulated transformation of filamentary and homogeneous resistive switching on ZnO thin film memristor with controllable multistate [J]. ACS Applied Materials & Interfaces, 2013, 5(13): 6017− 6023.

[181]ZHANG W B, WANG C, LIU G, et al. Structural effect on the resistive switching behavior of triphenylamine − based poly (azomethine) s [J]. Chemical Communications, 2014, 50(78): 11496−11499.

[182]CHO B J, SONG S H, JI Y S, et al. Organic resistive memory devices: performance enhancement, integration, and advanced architectures[J]. Advanced Functional Materials, 2011, 21(15):2806−2829.

[183]REN W S, ZHU Y X, GE J F, et al. Bistable memory devices with lower threshold voltage by extending the molecular alkyl − chain length [J]. Physical Chemistry Chemical Physics, 2013, 15(23): 9212−9218.

[184]SONG S H, CHO B J, KIM T W, et al. Three−dimensional integration of organic resistive memory devices [J]. Advanced Materials, 2010, 22 (44):5048−5052.

[185] BAKER C O, SHEDD B, TSENG R J, et al. Size control of gold nanoparticles grown on polyaniline nanofibers for bistable memory devices [J]. ACS Nano, 2011, 5(5): 3469 −3474.

[186]YU A D, LIU C L, CHEN W C. Supramolecular block copolymers: graphene oxide composites for memory device applications[J]. Chemical Communications, 2012, 48(3): 383−385.

[187]JI Y S, LEE S C, CHO B J, et al. Flexible organic memory devices with multilayer graphene electrodes[J]. ACS Nano, 2011, 5(7):5995−6000.

[188]SIM R, MING W, SETIAWAN Y, et al. Dependencies of donor−acceptor memory on molecular levels[J]. Journal of Physical Chemistry C, 2013,

117(1): 677-682.

[189] KIM K T, FANG Y K, KWON W S, et al. Tunable electrical memory characteristics of brush copolymers bearing electron donor and acceptor moieties [J]. Journal of Materials Chemistry C, 2013, 1 (32): 4858-4868.

[190] BETTENHAUSEN J, STROHRIEGL P, BRÜTTING W, et al. Electron transport in a starburst oxadiazole[J]. Journal of Applied Physics, 1997, 82(10):4957-4961.

[191] CHANG C C, PEI Z W, CHAN Y J. Artificial electrical dipole in polymer multilayers for nonvolatile thin film transistor memory[J]. Applied Physics Letters, 2008, 93(14): 143302.

[192] CHEN Y C, YU H C, HUANG C Y, et al. Nonvolatile bio-memristor fabricated with egg albumen film[J]. Scientific Reports, 2015, 5:10022.

[193] SUN B, LI C M. Light-controlled resistive switching memory of multiferroic BiMnO$_3$ nanowire arrays [J]. Physical Chemistry Chemical Physics, 2015, 17(10): 6718-6721.

[194] FORREST S R. The path to ubiquitous and low-cost organic electronic appliances on plastic[J]. Nature, 2004, 428:911-918.

[195] OYAMADA T, TANAKA H, MATSUSHIGE K, et al. Switching effect in Cu:TCNQ charge transfer-complex thin films by vacuum codeposition[J]. Applied Physics Letters, 2003, 83(6):1252-1254.

[196] WANG Z F, ZHANG H, WANG Z P, et al. Trace analysis of Ponceau 4R in soft drinks using differential pulse stripping voltammetry at SWCNTs composite electrodes based on PEDOT: PSS derivatives [J]. Food Chemistry, 2015, 180:186-193.

[197] LING H, LU J L, PHUA S L, et al. One-pot sequential electrochemical deposition of multilayer poly (3, 4 - ethylenedioxythiophene): poly (4 - styrenesulfonic acid)/ tungsten trioxide hybrid films and their enhanced electrochromic properties[J]. Journal of Materials Chemistry A, 2014, 2 (8):2708-2717.

[198] AI L H, ZHANG C Y, LIAO F, et al. Removal of methylene blue from aqueous solution with magnetite loaded multi－wall carbon nanotube: Kinetic, isotherm and mechanism analysis [J]. Journal of Hazardous Materials, 2011, 198(30):282-290.

[199] SURESH A, KRISHNAKUMAR G, NAMBOOTHIRY M A G. Filament theory based WORM memory devices using aluminum/poly (9 － vinylcarbazole)/aluminum structures [J]. Physical Chemistry Chemical Physics, 2014, 16(26):13074-13077.

[200] SON D I, PARK D H, CHOI W K, et al. Carrier transport in flexible organic bistable devices of ZnO nanoparticles embedded in an insulating poly(methyl methacrylate) polymer layer[J]. Nanotechnology, 2009, 20 (19):195203.

[201] ISLAM S M, BANERJI P, BANERJEE S. Electrical bistability, negative differential resistance and carrier transport in flexible organic memory device based on polymer bilayer structure[J]. Organic Electronics, 2014, 15(1):144-149.

[202] YEN H J, CHEN C J, LIOU G S. Flexible multi-colored electrochromic and volatile polymer memory devices derived from starburst triarylamine－ based electroactive polyimide[J]. Advanced Functional Materials, 2013, 23(42):5307-5316.

[203] LIN L C, YEN H J, CHEN C J, et al. Novel triarylamine－based polybenzoxazines with a donor－acceptor system for polymeric memory devices[J]. Chemical Communications, 2014, 50(90):13917-13919.

[204] LI G, ZHENG K, WANG C Y, et al. Synthesis and nonvolatile memory behaviors of dioxatetraazapentacene derivatives [J]. ACS Applied Materials & Interfaces, 2013, 5(14):6458-6462.

[205] CHEN C J, YEN H J, CHEN W C, et al. Resistive switching non－ volatile and volatile memory behavior of aromatic polyimides with various electron-withdrawing moieties[J]. Journal of Materials Chemistry, 2012, 22(28): 14085-14093.

[206] WANG H, MENG F B, ZHU B W, et al. Resistive switching memory devices based on proteins[J]. Advanced Materials, 2015, 27(46): 7670-7676.

[207] RANI A, SONG J M, LEE M J, et al. Reduced graphene oxide based flexible organic charge trap memory devices[J]. Applied Physics Letters, 2012, 101(23): 233308.

[208] WU J H, YEN H J, HU Y C, et al. Side-chain and linkage-mediated effects of anthraquinone moieties on ambipolar poly(triphenylamine)-based volatile polymeric memory devices[J]. Chemical Communications, 2014, 50(38): 4915-4917.

[209] CHEN C J, HU Y C, LIOU G S. Linkage effect on the memory behavior of sulfonyl-containing aromatic polyether, polyester, polyamide, and polyimide[J]. Chemical Communications, 2013, 49(25): 2536-2538.

[210] JILANI S M, GAMOT T D, BANERJI P, et al. Studies on resistive switching characteristics of aluminum/graphene oxide/semiconductor nonvolatile memory cells[J]. Carbon, 2013, 64(11): 187-196.

[211] LIU J Q, YIN Z Y, CAO X H, et al. Fabrication of flexible, all-reduced graphene oxide non-volatile memory devices[J]. Advanced Materials, 2013, 25(2): 233-238.

[212] KHURANA G, MISRA P, KATIYAR R S. Forming free resistive switching in graphene oxide thin film for thermally stable nonvolatile memory applications[J]. Journal of Applied Physics, 2013, 114(12): 124508.

[213] WANG H, DU Y M, LI Y T, et al. Configurable resistive switching between memory and threshold characteristics for protein-based devices[J]. Advanced Functional Materials, 2015, 25(25): 3980.

[214] WHITE S I, VORA P M, KIKKAWA J M, et al. Resistive switching in bulk silver nanowire-polystyrene composites[J]. Advanced Functional Materials, 2011, 21(2): 233-240.

[215] YUN D Y, LEE N H, KIM H S, et al. Multilevel charging and

discharging mechanisms of nonvolatile memory devices based on nanocomposites consisting of monolayered Au nanoparticles embedded in a polystyrene layer[J]. Applied Physics Letters, 2014, 104(2): 023304.

[216] BAUGHMAN R H, ZAKHIDOV A A, HEER W A D. Carbon nanotubes: the route toward applications [J]. Science, 2002, 297 (5582): 787-792.

[217] WANG C C, GUO Z X, FU S K, et al. Polymers containing fullerene or carbon nanotube structures[J]. Progress in Polymer Science, 2004, 29 (11): 1079-1141.

[218] VERBAKEL F, MESKERS S C J, JANSSEN R A J, et al. Reproducible resistive switching in nonvolatile organic memories[J]. Applied Physics Letters, 2007, 91(19): 192103.

[219] KARTHÄUSER S, LÜSSEM B, WEIDES M, et al. Resistive switching of rose bengal devices: A molecular effect? [J]. Journal of Applied Physics, 2006,100(9): 094504.

[220] KHURANA G, MISRA P, KATIYAR R S. Multilevel resistive memory switching in graphene sandwiched organic polymer heterostructure [J]. Carbon, 2014, 76(9): 341-347.

[221] LIN H T, PEI Z, CHAN Y J. Carrier transport mechanism in a nanoparticle - incorporated organic bistable memory device [J]. IEEE Electron Device Letters, 2007, 28(7): 569-571.

[222] LEE G D, WANG C Z, YOON E, et al. The role of pentagon-heptagon pair defect in carbon nanotube: the center of vacancy reconstruction[J]. Applied Physics Letters, 2010, 97(9): 093106.

[223] ISHIGAMI M, CHOI H J, ALONI S, et al. Identifying defects in nanoscale materials [J]. Physical Review Letters, 2004, 93 (19): 196803.

[224] KOTAKOSKI J, KRASHENINNIKOV A V, NORDLUND K. Energetics, structure, and long-range interaction of vacancy-type defects in carbon nanotubes: Atomistic simulations [J]. Physical Review B, 2006, 74

(24):245420.

[225] LI C, JIANG H, XIA Q F. Low voltage resistive switching devices based on chemically produced silicon oxide[J]. Applied Physics Letters, 2013, 103(6): 062104.

[226] YOUNIS A, CHU D W, LI S. Bi – stable resistive switching characteristics in Li – doped ZnO thin films [J]. Nanoscale Research Letters, 2013, 8 (13): 6918.

[227] SOKOLOV A S, SON S K, LIM D, et al. Comparative study of Al_2O_3, HfO_2, and $HfAlO_x$ for improved self-compliance bipolar resistive switching [J]. Journal of the American Ceramic Society, 2017, 100 (12): 5638-5648.

[228] SUN L F, ZHANG Y S, HAN G, et al. Self-selective van der Waals heterostructures for large scale memory array[J]. Nature Communications, 2019, 10(1): 3161.

[229] LI Y, CHU J X, DUAN W J, et al. Analog and digital bipolar resistive switching in solution – combustion – processed NiO memristor [J]. ACS Applied Materials & Interfaces, 2018, 10(29):24598-24606.

[230] PERSHIN Y V, VENTRA M D. Practical approach to programmable analog circuits with memristors[J]. IEEE Transactions on Circuits and Systems I: Regular Papers, 2010,57(8): 1857-1864.

[231] CHANG T, JO S H, LU W. Short-term memory to long-term memory transition in a nanoscale memristor[J]. ACS Nano, 2011, 5(9): 7669-7676.

[232] CHEN X G, ZHANG X, KOTEN M, et al. Interfacial charge engineering in ferroelectric – controlled mott transistors [J]. Advanced Materials, 2017, 29(31): 1701385.

[233] ZHAO X L, MA J, XIAO X H, et al. Breaking the current-retention dilemma in cation-based resistive switching devices utilizing graphene with controlled defects[J]. Advanced Materials, 2018, 30(14): 1705193.

[234] LING H F, TAN K M, FANG Q Y, et al. Light-tunable nonvolatile

memory characteristics in photochromic RRAM[J]. Advanced Electronic Materials, 2017,3(8):1600416.

[235]LIU K C, TZENG W H, CHANG K M, et al. Effect of ultraviolet light exposure on a HfO$_x$ RRAM device[J]. Thin Solid Films, 2010, 518 (24): 7460-7463.

[236]AGA F G, WOO J, SONG J, et al. Controllable quantized conductance for multilevel data storage applications using conductive bridge random access memory[J]. Nanotechnology, 2017, 28(11): 115707.

[237]BANERJEE W, LIU Q, HWANG H. Engineering of defects in resistive random access memory devices[J]. Journal of Applied Physics, 2020, 127(5): 051101.

[238] BANERJEE W, HWANG H. Quantized conduction device with 6-bit storage based on electrically controllable break junctions[J]. Advanced Electronic Materials, 2019, 5(12): 1900744.

[239] FERRARI A C, BONACCORSO F, FAL'KO V, et al. Science and technology roadmap for graphene related two-dimensional crystals, and hybrid systems[J]. Nanoscale, 2015, 7(11): 4598-4810.

[240] TORO M J U, MARESTONI L D, SOTOMAYOR M D P T. A new biomimetic sensor based on molecularly imprinted polymers for highly sensitive and selective determination of hexazinone herbicide[J]. Sensors and Actuators B: Chemical, 2015, 208: 299-306.

[241]CALISTO J S, PACHECO I S, FREITAS L L, et al. Adsorption kinetic and thermodynamic studies of the 2, 4-dichlorophenox yacetate (2,4-D) by the [Co-Al-Cl] layered double hydroxide[J]. Heliyon, 2019, 5 (12): 02553.

[242]WEI P R, CHENG S H, LIAO W N, et al. Synthesis of chitosan-coated near-infrared layered double hydroxide nanoparticles for in vivo optical imaging [J]. Journal of Materials Chemistry. 2012, 22 (12): 5503-5513.

[243]SEO J W, PARK J W, LIM K S, et al. Transparent flexible resistive

random access memory fabricated at room temperature [J]. Applied Physics Letters, 2009, 95(13): 133508.

[244] BIJU K P, LIU X J, SIDDIK M, et al. Resistive switching characteristics and mechanism of thermally grown WO_x thin films[J]. Journal of Applied Physics, 2011, 110(6): 064505.

[245] ZHUGE F, LI J, CHEN H, et al. Single-crystalline metal filament-based resistive switching in a nitrogen-doped carbon film containing conical nanopores[J]. Applied Physics Letters, 2015, 106(8): 083104.

[246] ZHANG X Y, IKRAM M, LIU Z, et al. Expanded graphite/NiAl layered double hydroxide nanowires for ultra-sensitive, ultra-low detection limits and selective NO_x gas detection at room temperature[J]. RSC Advances, 2019, 9(16): 8768-8777.

[247] PRIVMAN M, RUPP E, ZUMAN P. Hexazinone: polarographic reduction and adsorption on lignin[J]. Journal of Agricultural and Food Chemistry, 1994, 42(12): 2946-2952.

[248] WANG H, YAN X B, ZHAO M L, et al. Memristive devices based on 2D-BiOI nanosheets and their applications to neuromorphic computing [J]. Applied Physics Letters, 2020, 116(9): 093501.

[249] LV W Z, WANG H L, JIA L L, et al. Tunable nonvolatile memory behavior of $PCBM-MoS_2$ 2D nanocomposites through surface deposition ratio control[J]. ACS Applied Materials & Interfaces, 2018, 10(7): 6552-6559.

[250] TU M L, LU H P, LUO S W, et al. Reversible transformation between bipolar memory switching and bidirectional threshold switching in 2D layered K-birnessite nanosheets[J]. ACS Applied Materials & Interfaces, 2020, 12(21): 24133-24140.

[251] XIA F, XU Y, LI B X, et al. Improved performance of $CH_3NH_3PbI_{3-x}Cl_x$ resistive switching memory by assembling 2D/3D perovskite heterostructures [J]. ACS Applied Materials & Interfaces, 2020, 12 (13): 15439-15445.

[252] RANJAN A, RAGHAVAN N, O'SHEA S J, et al. Conductive atomic force microscope study of bipolar and threshold resistive switching in 2D hexagonal boron nitride films[J]. Scientific Reports, 2018, 8: 2854.

[253] OJHA S K, KUMAR A, SINGH A, et al. Improved environmental stability of cobalt incorporated methylammonium lead iodide perovskite for resistive switching applications [J]. Chemical Physics, 2020, 538: 110900.

[254] SUN B, ZHOU G D, GUO T, et al. Biomemristors as the next generation bioelectronics[J]. Nano Energy, 2020, 75: 104938.

[255] LI D, CHEN M Y, SUN Z Z, et al. Two-dimensional non-volatile programmable p-n junctions[J]. Nature Nanotechnology, 2017, 12: 901-906.

[256] LIU C S, YAN X, SONG X F, et al. A semi-floating gate memory based on van der Waals heterostructures for quasi-non-volatile applications[J]. Natare Nanotechnology, 2018, 13: 404-410.

[257] KWON D H, LEE S, KANG C S, et al. Unraveling the origin and mechanism of nanofilament formation in polycrystalline $SrTiO_3$ resistive switching memories[J]. Advanced Materials, 2019, 31(28):1901322.

[258] SUN Y M, WEN D Z. Multistage resistive switching behavior organic coating films-based of memory devices[J]. Progress in Organic Coatings, 2020, 142:105613.

[259] SUN L, ZHANG Y, HWANG G, et al. Synaptic computation enabled by joule heating of single-layered semiconductors for sound localization[J]. Nano Letters, 2018, 18(5): 3229-3234.

[260] CHIAPPONE A, GILLONO M, CASTELLINO M, et al. In situ generation of silver nanoparticles in PVDF for the development of resistive switching devices[J]. Applied Surface Science, 2018, 455:418-424.

[261] YOON J, MOHAMMADNIAEI M, CHOI H K, et al. Resistive switching biodevice composed of MoS_2-DNA heterolayer on the gold electrode[J]. Applied Surface Science, 2019, 478:134-141.

[262]SOKOLOV A S, JEON Y R, KU B, et al. Ar ion plasma surface modification on the heterostructured TaO$_x$/InGaZnO thin films for flexible memristor synapse [J]. Journal of Alloys and Compounds, 2020, 822:153625.

[263]SUN B, CHEN Y Z, XIAO M, et al. A unified capacitive–coupled memristive model for the nonpinched current voltage hysteresis loop[J] Nano Letters,2019, 19(9):6461-6465.

[264]GINNARAM S, QIU J T, MAIKAP S. Role of the Hf/Si interfacial layer on the high performance of MoS$_2$–based conductive bridge RAM for artificial synapse application[J]. IEEE Electron Device Letters, 2020, 41 (5):709-712.

[265]ZHOU G D, REN Z J, WANG L D, et al. Resistive switching memory integrated with amorphous carbon–based nanogenerators for self-powered device[J]. Nano Energy, 2019, 63:103793.

[266]CHIU C H, HUANG C W, HSIEH Y H, et al. In-situ TEM observation of multilevel storage behavior in low power FeRAM device [J]. Nano Energy, 2017, 34:103-110.

[267]LIU G, LING Q D, TEO E Y H, et al. Electrical conductance tuning and bistable switching in poly (N-vinylcarbazole)-carbon nanotube composite films[J]. ACS Nano, 2009, 3(7):1929-1937.

[268]KWAN Y C G, NG G M, HUAN C H A. Identification of functional groups and determination of carboxyl formation temperature in graphene oxide using the XPS O 1s spectrum[J]. Thin Solid Films, 2015, 590: 40-48.

[269]YANG C M, KANOH H, KANEKO K, et al. Adsorption behaviors of HiPco single-walled carbon nanotube aggregates for alcohol vapors[J]. The Journal of Physical Chemistry B, 2002, 106(35): 8994-8999.

[270]ZHANG W J, LI P, XU H B, et al. Thermal decomposition of ammonium perchlorate in the presence of Al(OH)$_3$ · Cr(OH)$_3$ nanoparticles[J]. Journal of Hazardous Materials, 2014, 268: 273-280.

[271] SHULAKER M M, HILLS G, PARK R S, et al. Three – dimensional integration of nanotechnologies for computing and data storage on a single chip[J]. Nature, 2017, 547: 74-78.

[272] TAN H, JAIN A, VOZNYY O, et al. Efficient and stable solution – processed planar perovskite solar cells via contact passivation [J]. Science, 2017, 355(6326):722-726.

[273] SAWA A. Resistive switching in transition metal oxides [J]. Materialstoday, 2008, 11(6):28-36.

[274] SUN Y M, WEN D Z, SUN F Y. Eliminating negative-set behavior by adding a graphene blocking layer in resistive switching memory devices based on epoxy resin [J]. Applied Physics Express, 2019, 12 (7):074006.

[275] RAHAMAN S Z, MAIKPP S. Comparison of resistive switching characteristics using copper and aluminum electrodes on GeO_x/W cross – point memories[J]. Nanoscale Research Letters, 2013, 8:509.